ディジタルカラー画像の解析・評価

三宅洋一

東京大学出版会

Analysis and Evaluation of Digital Color Images

Yoichi MIYAKE

University of Tokyo Press, 2000
ISBN4-13-061116-X

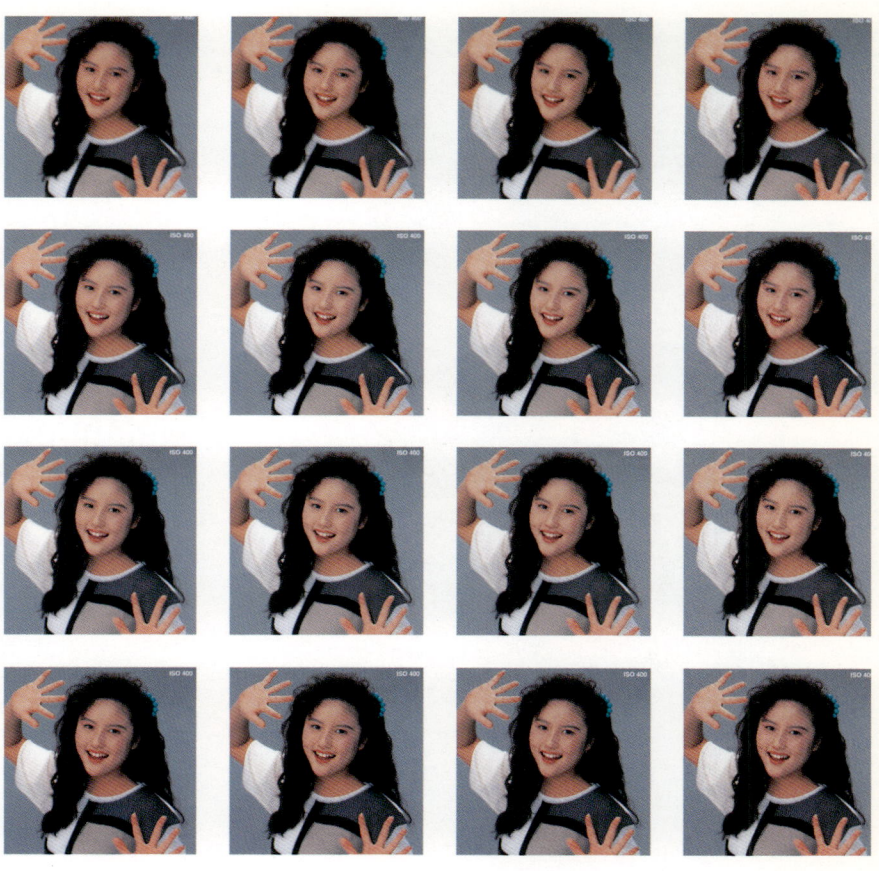

1. 鮮鋭度と粒状度を変化させたポートレート画像の例（本文 p.119 参照）

2. 画像評価用カラーチャートの例（本文 p.126参照）

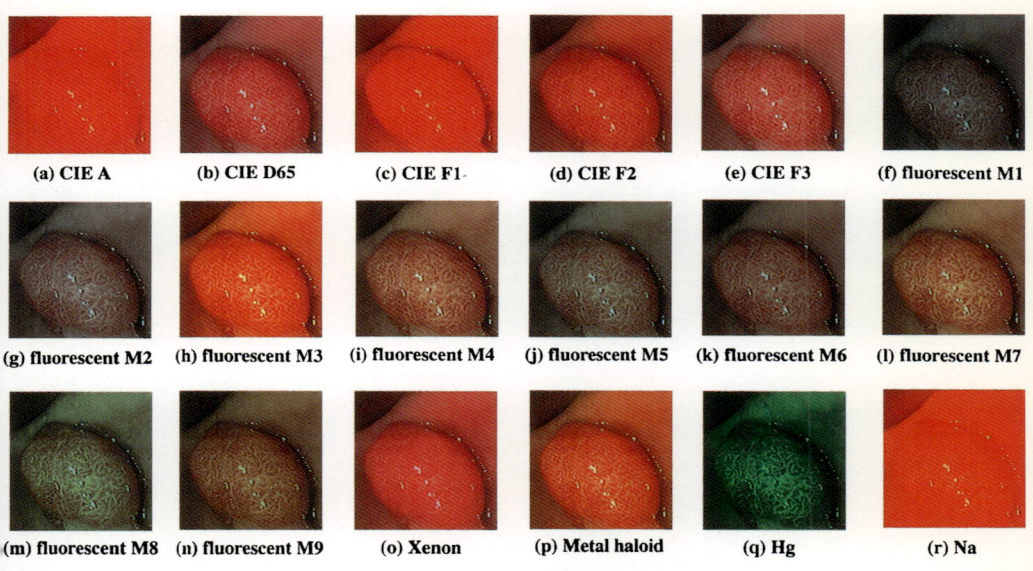

3. 異なった照明光源下で予測される胃粘膜画像の色再現（本文 p.153 参照）

4. 絵画の5バンド画像と再現画像　絵：牟田克巳（本文p.156参照）

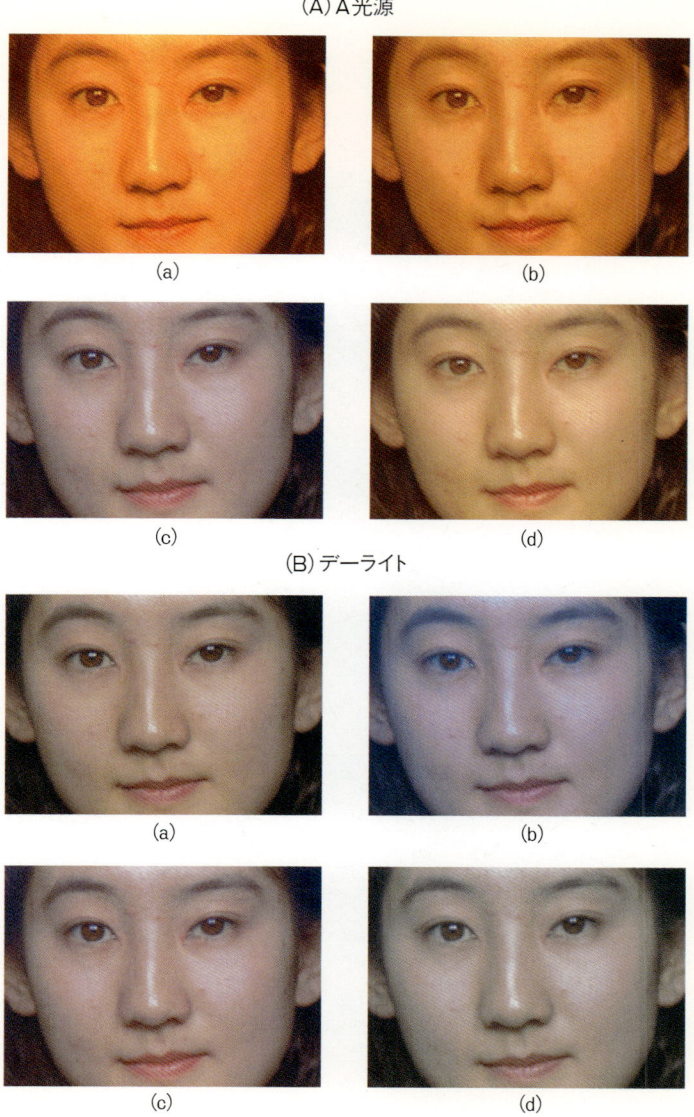

5. A光源(A)およびデーライト(B)で照明された顔画像の測色的色再現(a)と3種の順応モデル，(b)CIELAB，(c)von Kries，(d)Fairchildによる順応後の予測画像の例（本文p.165参照）

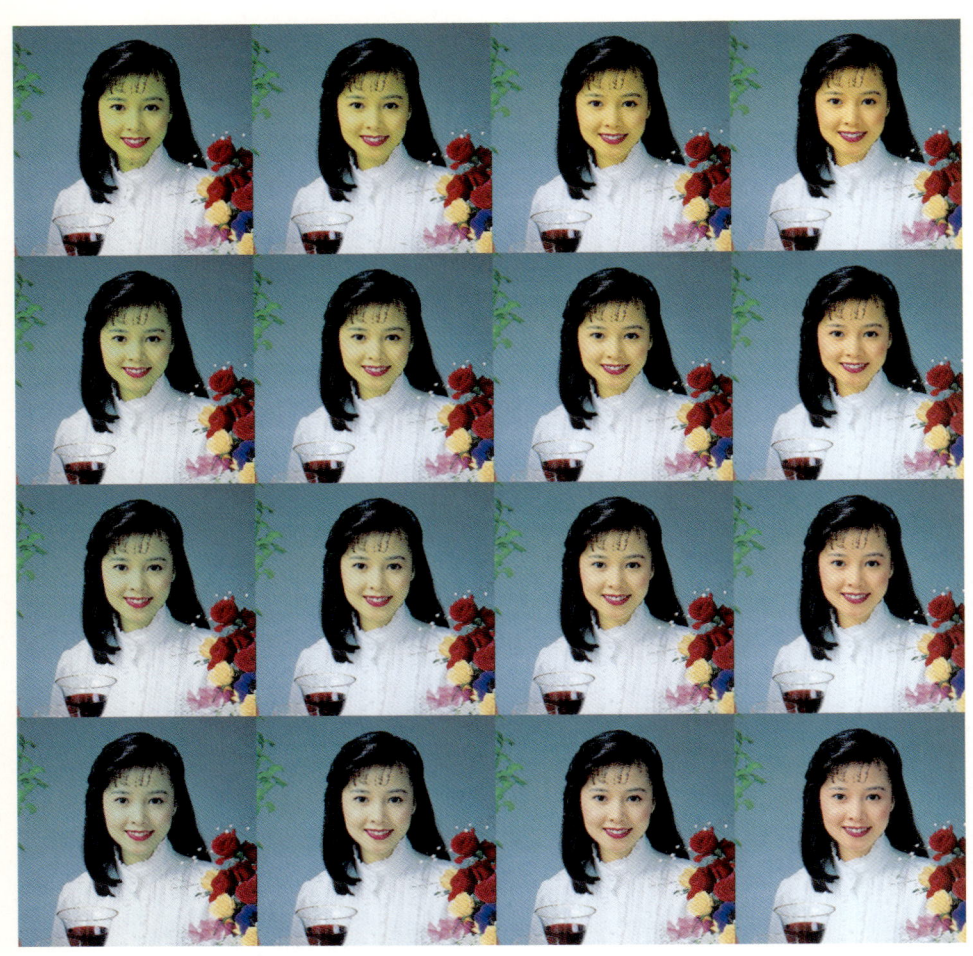

6. 好ましい肌色を推定するため肌色を変化させたポートレート画像の例（本文p.172参照）

まえがき

　近年，多種多様な画像システムの開発とパーソナルコンピューターの普及，ネットワーク環境の整備にともない高度情報化社会，マルチメディア時代の到来が言われている．それ故，写真，印刷，テレビ，コンピューターなどの専門家だけではなく，多くの人が画像，とりわけカラー画像を身近に扱う機会が増大している．しかし，色の扱いは容易のようで大変奥が深く，工学の分野だけでなく，心理学，生理学さらには医学，脳科学などが複雑に関連する分野にまで及んでいる．すなわち，色情報の記録，伝送，色再現，評価など科学的に扱うには多くの困難が伴う．色彩科学は，我が国においても長い伝統がありこれまで先人により多くの研究がなされてきた．1980年には，我が国の多数の色彩科学に関する研究者により広範囲にわたるこの分野を網羅した『新編色彩科学ハンドブック』が東京大学出版会から刊行され，1998年にはその後の色彩科学，工学研究の発展をふまえて全面改訂され第2版が刊行されている．その他，これまでにも多くの関係書が出版されている．しかし，色彩科学，工学を学ぶ技術者が増大している現在，もう少し手軽に利用できる「色彩画像の解析と評価」の入門を兼ねた教科書をまとめるよう東京大学出版会の井上三男氏より執筆を勧められまとめたものが本書である．

　本書は，インターネット，ディジタルカメラ，プリンターなどを通して日常的に色画像を扱ううえでもっとも基本となる問題についての基礎と色彩画像の解析，評価についてわかり易く解説したものである．この中には筆者の研究室でこれまで行ってきた研究を応用例として記述したものも多い．また，本書では多くの色彩科学，工学に関する著書で触れられているような測色，表色などについてはできるだけ簡潔に記述し，実際のハードコピーの設計や評価を行ううえでこれまでの著書にはない面を重点的に記述することを心がけた．

　本書は全11章から構成されている．第1章は本書の導入部としてマルチメディア時代の色彩画像再現について概説した．第2章は，長い伝統を持つ

アナログ画像システムとして写真，印刷，テレビの色再現について，また第3章では，ディジタル画像の色再現，すなわちディジタルカメラとディジタルハーフトーン画像の色再現と画像形成の基礎について記述した．第4章，5章では，分光反射率測定と濃度の測定に関わる問題および表色系について記述した．第6章は視覚系の諸特性の中で，空間周波数特性，色順応，眼球運動など比較的低次レベルの特性に限定し記述した．第7章，8章は画像の評価に関して，第7章では主観的評価についての基礎と主観評価結果の統計的な処理，第8章は画像の物理評価について，階調再現，鮮鋭性，粒状性の評価を中心に種々の物理尺度値について述べた．第9章は，異なるデバイス間の色変換，スキャナー，CRT等のキャリブレーションについて述べた．第10章，11章は色彩画像処理，解析の応用について筆者らの最近の研究成果を中心に分光情報の記録，再現，色順応，眼球運動などに基づく画像解析評価について記述した．

　以上，本書が色彩画像処理，解析，評価などの入門書として役立てれば幸いである．本書に掲載されている多くの図表や写真画像などは，筆者の研究室の卒業生や在学中の大学院生による研究成果の一部である．これらの研究に従事された諸氏，とくに羽石秀昭助教授と津村徳道助手および宮田公佳博士（三菱電機(株)情報総合研究所），井上信博士（三菱製紙(株)総合研究所），小島伸俊博士（花王(株)スキンケア研究所），横山康明東京工芸大学助手に感謝する．また，本書の企画から出版全般にわたりお世話いただいた東京大学出版会編集部，井上三男氏に心から感謝したい．

2000年1月

三宅洋一

目　次

まえがき

第1章　マルチメディア時代の画像再現　　1

1.1　画像の形成と評価 …………………………………………………2
1.2　アナログ画像とディジタル画像 …………………………………3
1.3　画像関数 ……………………………………………………………4
1.4　線形画像システム …………………………………………………5
1.5　画像の照度分布 ……………………………………………………6
1.6　画像の色再現 ………………………………………………………7

第2章　写真, 印刷, テレビの色再現　　9

2.1　写真の色再現 ………………………………………………………9
　2.1.1　ネガ-ポジ方式————9
　2.1.2　リバーサルカラーフィルムの色再現————11
　2.1.3　カラーフィルム色再現の数式化————13
2.2　印刷における色再現 ……………………………………………14
　2.2.1　マスキングとUCR————14
　2.2.2　網点とNeugebauer方程式————15
2.3　テレビにおける色再現 …………………………………………18

第3章　ディジタル画像の形成　　21

3.1　画像のディジタル化 ……………………………………………22
　3.1.1　標本化定理————22
　3.1.2　量子化————24
3.2　ディジタルカメラ ………………………………………………25

3.2.1　固体撮像素子(CCD) —— *25*
　　　3.2.2　CCDの分光感度とカラーフィルター —— *27*
　3.3　ディジタルハーフトーン画像 …………………………………*29*
　　　3.3.1　ディザ法と濃度パターン法 —— *29*
　　　3.3.2　誤差拡散法 —— *32*
　　　3.3.3　ベクトル誤差拡散法 —— *33*
　3.4　同心円モデルと色再現 ……………………………………………*36*
　3.5　ドットゲイン ………………………………………………………*37*

第4章　色の測定　　　　　　　　　　　　　　　　　　　　　　　　**41**

　4.1　分光反射率測定 ……………………………………………………*41*
　4.2　表面反射光と内部反射光 …………………………………………*45*
　4.3　濃度の測定 …………………………………………………………*48*
　　　4.3.1　投影濃度と拡散濃度 —— *48*
　　　4.3.2　マクロ濃度とミクロ濃度 —— *49*
　　　4.3.3　ミクロ濃度の測定 —— *49*
　　　4.3.4　カラー濃度 —— *50*

第5章　表　　色　　　　　　　　　　　　　　　　　　　　　　　　**53**

　5.1　*RGB* 表色系 …………………………………………………………*53*
　5.2　*XYZ* 表色系 …………………………………………………………*55*
　5.3　均等色空間による表色と色差 ……………………………………*58*
　5.4　均等色空間での色差 ………………………………………………*59*
　5.5　マンセル表色系 ……………………………………………………*60*
　5.6　NCS 表色系 …………………………………………………………*61*

第6章　視覚の特性　　　　　　　　　　　　　　　　　　　　　　　**65**

　6.1　視覚系の構造 ………………………………………………………*65*
　6.2　網膜の分光感度 ……………………………………………………*67*

6.3　視覚の空間周波数特性 …………………………………………………… 69
6.4　色順応 …………………………………………………………………… 72
6.5　眼球運動と注視点 ……………………………………………………… 76
　　6.5.1　眼球運動————76
　　6.5.2　注視点の測定————77

第7章　画像の主観評価　　　　　　　　　　　　　　　　　　　　81

7.1　ハードコピーの観測条件 ……………………………………………… 81
7.2　主観評価値 ……………………………………………………………… 83
7.3　一対比較の尺度化 ……………………………………………………… 84
7.4　ハードコピーの主観評価 ……………………………………………… 86

第8章　画像の物理評価　　　　　　　　　　　　　　　　　　　　89

8.1　画像の物理評価パラメータ …………………………………………… 91
8.2　階調再現と評価 ………………………………………………………… 92
　　8.2.1　調子再現曲線————92
　　8.2.2　濃度ヒストグラム————94
8.3　鮮鋭度の測定と評価 …………………………………………………… 95
　　8.3.1　解像力と空間周波数————95
　　8.3.2　MTF とその測定法————97
　　8.3.3　MTF による画像の評価————101
　　8.3.4　MTF の方向依存性————102
　　8.3.5　記録用紙の MTF 測定————103
　　8.3.6　CCD カメラの MTF————107
　　8.3.7　MTF と画像の変調————108
8.4　デルタヒストグラムと鮮鋭度 ………………………………………… 111
8.5　粒状性とノイズ ………………………………………………………… 112
　　8.5.1　加法ノイズと乗法ノイズ————112
　　8.5.2　RMS 粒状度————114
　　8.5.3　Wiener スペクトル————115

8.5.4　ビットプレイン画像 ――― *117*

8.6　粒状のシミュレーション ……………………………………… 118
8.7　鮮鋭性と粒状性 ………………………………………………… 119
8.8　画像評価用チャートについて ………………………………… 121

第9章　異なったデバイス間の色変換　　129

9.1　スキャナーのキャリブレーション ……………………………… 130
9.2　CRTモニターのキャリブレーション …………………………… 133
9.3　CRT画像からのハードコピーへの色変換 ……………………… 134
9.4　フォトCDにおける色変換 ……………………………………… 140
9.5　反射画像モデルによる濃度の再現予測 ………………………… 142
9.6　Kubelka-Munk式による再現濃度予測 ………………………… 143

第10章　分光反射率の推定とその応用　　147

10.1　分光反射率の主成分分析 ……………………………………… 147
10.2　電子内視鏡画像の分光反射率推定 …………………………… 148
10.3　分光情報を用いる色再現シミュレーション ………………… 153
10.4　分光反射率のWiener推定 …………………………………… 154
10.5　マルチバンドカメラの設計 …………………………………… 155
10.6　表面反射光と内部反射光 ……………………………………… 157
10.7　偏角分光測光 …………………………………………………… 159

第11章　視覚特性に基づく画像再現と評価　　163

11.1　色順応の予測と色再現 ………………………………………… 163
11.2　注視点を用いた色再現 ………………………………………… 166
11.3　顔パターンの抽出 ……………………………………………… 170
11.4　好ましい肌色 …………………………………………………… 172

文　献 ……………………………………………………………………… 177
索　引 ……………………………………………………………………… 185

第1章
マルチメディア時代の画像再現

　情報の送受信は，これまで図1.1に示されるように，(1)電信電話，(2)放送（テレビ，ラジオ），(3)郵便（葉書，手紙），(4)ハードコピー（新聞，雑誌，書籍，写真）それぞれ独立に行われてきた．しかしながら，パーソナルコンピューターの普及，ネットワーク環境の整備，多種多様な画像の入出力デバイスの開発にともなって，各メディアの融合が急速に行われ，マルチメディア時代の到来がいわれている．マルチメディア時代では画像を中心とした，各種メディアの融合とそのディジタル化がキーワードである．すなわち，図1.1の円形内に示したように新しい産業やイメージングの世界が次々に芽生えている．例えば，ネットワーク印刷，遠隔医療，ネットワークミュージアム，ネットワークショッピングなどが今大きな関心を集めている．

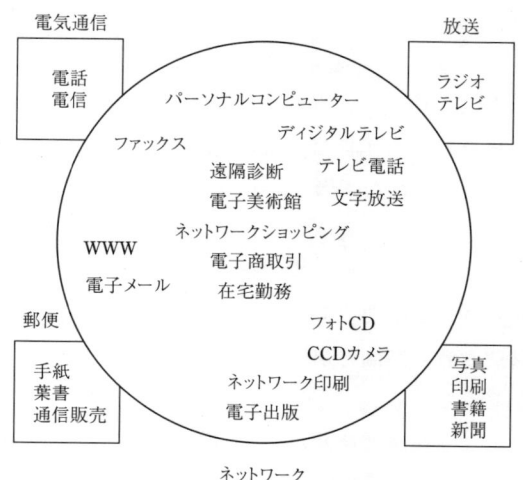

図1.1　ネットワークによるメディアの融合

このように，マルチメディア時代においてはディジタル化された画像データがMOD，フロッピーディスク，ネットワークなどを通して頻繁に扱われる．しかしながら，同一の画像データを用いても表示，記録デバイスによって異なった画質（色，階調，鮮鋭度，粒状性）を持つ画像が出力される．これらはネットワークを介しての新しい色彩産業を発展させる上で大きな問題である．すなわち，各種メディア間でWYSIWYG（What You See Is What You Get）変換がきわめて重要である．また，画像再現についてもより高度な再現が求められており，人間の視覚特性を考慮した画像設計，色再現設計の必要性が指摘されている．一方，専門家以外の人びとが画像を扱う機会が増大している．それ故，誰にでも容易に扱える画像システムの開発が望まれている．

1.1 画像の形成と評価

画像システムは対象となる物体の光電変換と記録，処理，伝送，表示システムで形成される．図1.2は，画像の形成プロセスを示している．すなわち，被写体は，銀塩写真，CCDカメラなどの光電変換を通して記録が行われる．銀塩写真システムは，光電変換，記録，表示が一つの材料で行われるのに対して，CCDなどを入力に用いる電子画像では，入力，記録，表示は別々のシステムで行われる．例えば，記録は半導体メモリ，CD-ROM，フロッピーデスク上に形成され，表示には液晶，CRT，プラズマなどのディスプレイが使用される．表示された画像は，視覚系を通して観測される．したがって，画像の入力から，記録，表示に至るシステムを設計，評価するためには，それぞれのプロセスにおける画像の物理的な解析と評価および視覚系の特性を十分に考慮することが必要である．すなわち，画像設計では画像送信者の目的と受け手側観測者の評価とが一致し，さらにその物理的な評価とも対応が取れることが必要である．

アナログ，ディジタル画像を問わずハードコピーにおける画質は階調再現，鮮鋭度，ノイズ，色再現，幾何学的な歪に依存する．もちろんこれらが独立に存在するのではなく，それぞれが複雑に相互作用を及ぼして画像の総合的

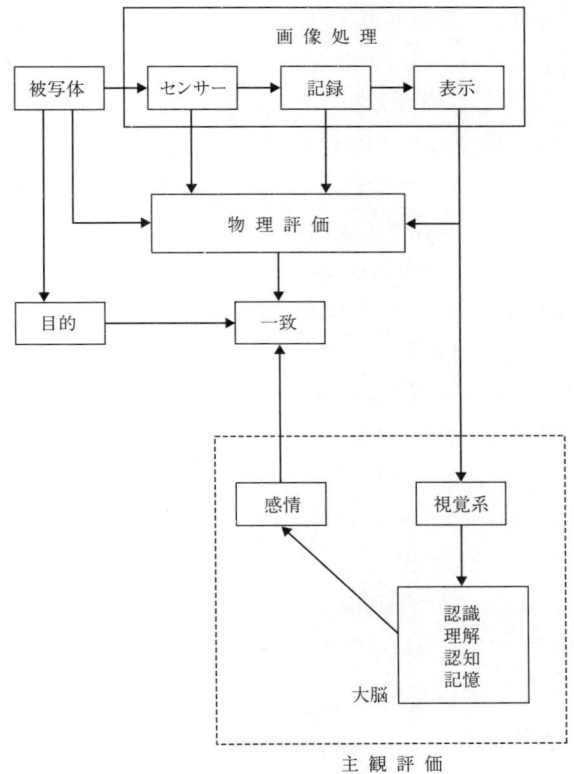

図 1.2 画像の形成システムと評価

な画質が定まる．したがって，画質を一つの物理的な尺度で表すことは困難である．そこで，画質の評価には熟練した観測者による主観評価がもっとも重要である．また，画質はその画像を用いる目的に応じて評価することが必要である．例えば，医用画像の評価は医師が行うべきである．画像評価ではこのような当然のことが意外と行われていない．

1.2 アナログ画像とディジタル画像

画像は，観測されるときはアナログ量であるが，図 1.2 に示した画像形成プロセスの差異によってディジタル画像とアナログ画像に分けることができ

る．アナログ画像とは銀塩写真，印刷，テレビに代表される画像で画像信号をアナログ量として扱い一つの画素ごとの演算はできない．これに対して，CCDカメラで撮影した画像あるいは写真フィルムに記録された画像をスキャナーによりディジタル化（標本化，量子化）し何らかの画像処理の後，CRT，ディジタルプリンターなどに出力した画像をディジタル画像と呼ぶ．印刷は刷版を作成する過程まではディジタル処理で大部分が行われるが画像転写のプロセスはアナログ的であるためディジタル画像とは一般に区別する．

ディジタル画像の再現システムは，一つのピクセルが(1)階調を再現できる，(2) 1，0の2値だけを表す，の2つに分けることができる．前者の代表的なプリンターは銀塩写真を用いるレーザープリンター，CRTプリンターおよび昇華型色素によるサーマルプリンターである．一方，後者にはインクジェットプリンター，電子写真プリンターなどがある．2値で階調を再現するためディジタルハーフトーニング技術が各種開発されている．すなわち，ディジタル画像ではその画質はハードウエアばかりでなくソフトウエアに大きく依存する．また，従来の画像再現では原画像としての写真があり，色再現，階調などはすべて写真に近似すればよかった．しかし，ディジタルカメラ，CGや特性の不明な入力システムからのディジタル画像をいかに再現するかが大きな課題である．

1.3　画像関数

画像は x，y，z 3次元空間上に時間 t の変化として分布する物体の輝度，色分布（波長 λ：可視光 380 nm-780 nm）をレンズを通して2次元平面上に時間固定（静止画）あるいは時間変化（動画像）として記録したものである．すなわち，物体を $f(x,y,z,\lambda,t)$ と表すとき，白黒静止画像は $f(x,y)$，カラー静止画は $f(x,y,\lambda)$，動画像は $f(x,y,\lambda,t)$，として表すことができる．動画像は時間を固定すれば静止画像と考えることができる．例えば，NTSCのテレビ画像では1/30秒で時間凍結すれば静止画として扱える．映画は1秒24齣であるから1/24秒では静止画である．

カラー画像 $f(x,y,\lambda)$ は (1.1)式に示されるように R，G，B フィルター

$W_i(\lambda)$ ($i=r,g,b$) を通して3つの白黒画像（B/W画像）$f_r(x,y)$, $f_g(x,y)$, $f_b(x,y)$として扱うことができる．

$$f_i(x,y) = \int_{400}^{700} W_i(\lambda) f(x,y,\lambda) \, d\lambda \qquad (i=r,g,b) \qquad (1.1)$$

すなわち，画像関数$f(x,y)$で表されるB/W静止画像が画像解析処理を行う上での基本である．画像関数$f(x,y)$において，(x,y)は画像の任意の点（画素）の座標を，$f(x,y)$はその点での濃度（輝度，反射率，透過率）を表す．以上から明らかなように画像関数$f(x,y)$は，非負である有限な値Dtに対して，$0 \leq f(x,y) \leq Dt$である2変数の実数値関数である．なお，このような関数は数学的には無限に存在するが，$f(x,y)$は，画像として意味のある関数であることに注意しよう．

1.4　線形画像システム

図1.3に示されるように$f(x,y)$の分布を持つ被写体（画像）がある画像システムに入力したとする．画像システムは，完全ではないためインパルス$\delta(x,y)$を入力した場合に図のようにある広がり$h(x,y)$を持つ．$h(x,y)$は画像システムの伝達関数でインパルスレスポンスあるいは点広がり関数（point spread function, PSF）という．

線形，シフトインバリアントで等方性を有する画像システムでは，被写体$f(x,y)$と出力画像$g(x,y)$およびPSF，$h(x,y)$の関係は次のようなコンボ

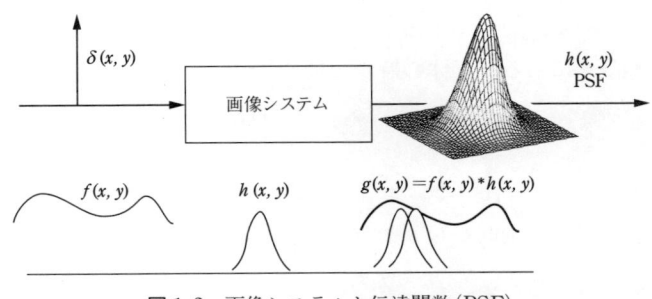

図1.3　画像システムと伝達関数（PSF）

リューション積分で表される．PSFの形状は画像システムの特性，とくに鮮鋭度に大きく影響する．

$$g(x,y) = \int_{-\infty}^{+\infty}\int_{-\infty}^{+\infty} f(x-\alpha, y-\beta) h(\alpha,\beta) \, d\alpha d\beta \tag{1.2}$$

(1.2)式の両辺をフーリエ変換すると，よく知られたフーリエ変換のコンボリューション定理から

$$G(u,v) = F(u,v) H(u,v) \tag{1.3}$$

PSFのフーリエ変換である$H(u,v)$は画像システムの特性を空間周波数(u,v)で表したもので画像の解析評価においてきわめて重要である．このような，画像の線形システムに基づく画像解析と評価につては第7章，8章で詳細に述べる．

1.5 画像の照度分布

被写体をレンズを通して写真フィルム（あるいはCCD素子）に結像するとき，フィルム面での照度分布Iルクス（lux）は次のように表すことができる．ここでは，波長成分を無視して考える．

$$I = I_0 + I_f \tag{1.4}$$

ここで，I_0は画像形成に寄与する照度分布，I_fはレンズのフレア（lens flare）である．すなわち，レンズフレアは，レンズ表面，内部での光散乱などが原因で画像形成に与らない光で，画像のコントラストを低下させる大きな原因である．レンズフレアを減少させるため写真レンズにはコーティングが行われている．

いま，無限遠にある被写体の持つ輝度をL cd/m^2，レンズの透過率をT，レンズのF値をF_{NO}，撮影倍率をβと表せば，I_0(lux)は，

$$I_0 = \frac{\pi}{4} \frac{TL}{\{F_{NO}(1+\beta)\}} \tag{1.5}$$

である．コサイン4乗則からθの角度にある照度は，次のようになる．

$$I_0 = I_0 \cos^4 \theta \tag{1.6}$$

したがって，レンズフレアを考えればフィルム面照度は，

$$I = I_0 \cos^4 \theta + I_f \qquad (1.7)$$

となる．このような光量分布がフィルムまたは CCD センサーに入力される．

1.6　画像の色再現

1.3 節でも述べたように被写体は，波長 $\lambda = 380$ nm から 780 nm の電磁波の強度分布を持つ．（通常の色再現では波長域は 400 nm～700 nm で扱えば十分である．本書でも，とくに断りがない場合には波長域 400 nm～700 nm として扱う）．いま，この分布を $O(x,y,\lambda)$ で表す．このような可視光域での分光反射率（spectral reflectance）を持つ被写体を記録し再現することが色再現（color reproduction）の問題である．

現在の画像システムにおける色再現は，三刺激を基本として混色が行えるとの Young-Helmholtz の 3 原色説に基づいている．色光の 3 原色は R（赤，red），G（緑，green），B（青，blue）で加法混色（additive color mixture）である．一方，色材（インク，色素，染料，顔料等）の 3 原色は R, G, B の補色である C（シアン，cyan），M（マゼンタ，magenta），Y（黄，yellow）でその混合は減法混色（subtractive color mixture）と呼ばれる．加法混色では混色にしたがって明るくなり 3 色の混合は白色となる．これに対して，減法混色では混色にともなって暗くなり 3 色の混合は黒となる．すなわち，画像における色再現は R, G, B あるいは C, M, Y の量を適宜混合することによって行われる．一方，印刷や多くのディジタルプリンターのように網点やドットの密度変調，面積変調などによる色再現は平均的な加法混色として扱うことができる．

図 1.4 は分光放射率 $E(\lambda)$ の光源により照明されている分光反射率 $O(x,y,\lambda)$ を持つ物体の色再現をモデル化したものである．(x,y) は被写体の座標で λ は可視域の波長である．ここでは被写体の分光分布だけを考慮し，強度は考えないが色再現を論じる場合には一般性は失われない．図において光学系の分光透過率 $L(\lambda)$，センサーの分光感度 $S(\lambda)$，フィルターの分光透過率 $f_i(\lambda)$ ($i=$R,G,B) とすれば出力信号 $v_i(x,y)$ ($i=$R,G,B) は次式のように表せる．

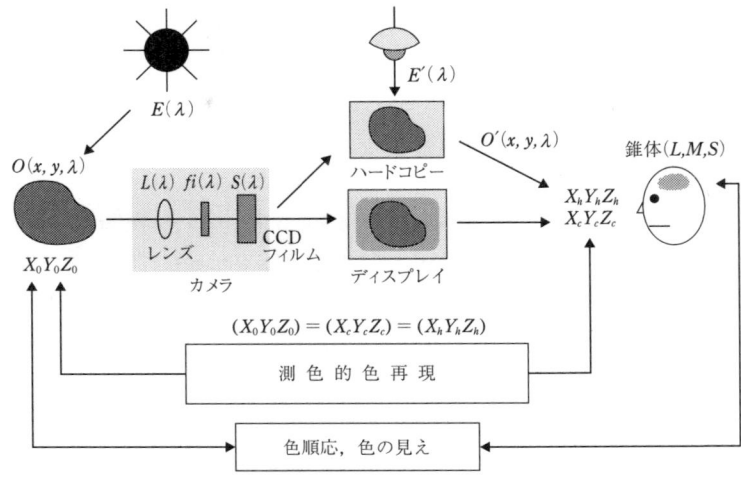

図 1.4 画像の色再現プロセス

$$v_i(x,y) = \int_{400}^{700} O(x,y,\lambda) E(\lambda) L(\lambda) S(\lambda) f_i(\lambda) \, d\lambda \quad (i=\mathrm{R,G,B}) \quad (1.8)$$

写真フィルムでは $S(\lambda)$ と $f_i(\lambda)$ の積を $S_i(\lambda)$ ($i=\mathrm{R,G,B}$) と表せば, $S_i(\lambda)$ は赤感層, 緑感層, 青感層それぞれの分光感度, $v_i(x,y)$ は各感光層に入射する光量に対応する. また, CCD カメラでは, $v_i(x,y)$ は出力電流と考えてよい. 通常の画像入力システムでは $n=3$ であり, R, G, B 3 色分解した画像記録が行われるが, 第 10 章に述べるような分光情報の記録では, n は 3 以上必要である. 画像信号は物体の分光反射率だけでなく照明光源, 光学系, センサー, 色分解フィルターの分光特性に依存する. したがって, センサーの特性や画像信号 $v_i(x,y)$ をどのように設計, 記録し, またその見えを被写体と同一にするかが画像における色再現の問題である. 例えば, 物体と画像の三刺激値 (第 5 章で記述する) XYZ を等しくする測色的色再現, 順応やアピアレンスモデルに基づく色再現, 好みなど心理的要因を考慮した好ましい色再現などが行われている.

第2章

写真, 印刷, テレビの色再現

　写真は，1840年ダゲレオタイプが発明されてから160年，印刷は，グーテンベルクの印刷術の発明から約600年，テレビも本格的なカラー放送が開始されて40年近い歴史がある．これらの画像メディアは，さまざまな技術開発がたゆみなく行われ現在の簡便で，高画質な画像システムとして完成され，広く使用されている．ディジタルカメラや各種プリンターも常に写真，印刷の画質をめざして開発が行われている．本章では，アナログ画像システムを代表する写真，印刷，テレビの色再現について概説する．

2.1　写真の色再現

　ハロゲン化銀を感光材料として用いる銀塩写真は，CCDカメラとは異なってセンサー，記録，表示が一つの材料で行え，さらに高画質，簡便性，低エネルギーで画像記録が可能なきわめて優れた画像システムであり，広く用いられている．後述するCCDカメラやディジタルハードコピーも常に写真の画質を目標に研究開発がなされている．そこで，本節では写真の色再現について簡単に述べる．

　写真システムには，ネガフィルム-印画紙（ネガ-ポジ方式），リバーサルフィルム，ポラロイドなどのインスタント写真がある．ここでは，ネガ-ポジ方式とリバーサルフィルムの色再現について説明する．

2.1.1　ネガ-ポジ方式

　われわれが普通に撮影するカラー写真はネガ-ポジ方式である．この方式の写真は，いったんネガカラーフィルムに記録されたネガ画像から印画紙へ焼付けを行ってカラーポジ画像を形成する．印画紙への焼付けに際して色,

階調, 鮮鋭度などの各種の補正が行えることがカラー画像の画質向上に大きく寄与している.

カラーフィルムでは R, G, B に分光感度を有する3種の感光材料（乳剤）がフィルムベースに塗布されている. すなわち, 通常のネガカラーフィルムは無色のイエローカプラーを含む青感乳剤層, イエロー色のマゼンタカプラーを含む緑感層, 赤色のシアンカプラーを含む赤感乳剤層とイエローのフィルター層で構成されている. また, それぞれの感光層は感度の異なった複数の感光層から構成されている.

物体からの R, G, B 光に応じてそれぞれの乳剤層は感光して, ハロゲン銀結晶中に潜像核を形成する. 発色現像により潜像核をもつハロゲン銀を現像して銀画像を形成する際, 発色現像酸化生成物と乳剤中のカプラーが反応して R, G, B 光に対応して c, m, y 色素が合成される. 漂白, 定着によって銀画像あるいは未露光のハロゲン銀, 黄色のフィルター層を除去することによってネガカラー画像が得られる.

ネガカラーフィルムにはオレンジ色のマスクが用いられているが, これは c, m, y 色素, とくにマゼンタ色素の不正吸収光を補正し, 色再現の向上を行う優れた手法でオートマスキングとも呼ばれる. カラーフィルムでは, また重層効果 (inter image effect) が色再現向上に効果的に使用されている. 重層効果とは, 多層構造を持つカラーフィルムのそれぞれの層が現像時に互いに影響を及ぼす効果をいう. 例えば, 緑の成分を多く持つ被写体では, 緑感層乳剤が強く現像されるが, このとき他の層にも現像が行われ色の濁りが生じる. そこで, 緑感層に他の層の現像を抑制する DIR (development inhibitor releasing) を入れることにより色再現を向上できる.

ネガカラーフィルムから印画紙への焼付け露光においては, 例えばネガの黒い部分はすべての色光を吸収するため印画紙を感光させず白く再現される. また, イエロー色素像は青色光成分を吸収するため印画紙の赤感層, 緑感層だけを感光する. したがって, 印画紙のシアン, マゼンタ色素が発色しその混合として青色の画像を形成する. すなわち, もとの物体と同じ色が印画紙上に形成されることになる. ネガのマゼンタ, シアン色素像も同様に緑, 赤色光成分を吸収しそれぞれ印画紙の（シアン, イエロー）, （マゼンタ, イエ

ロー）色素像を発色させその混合として緑，赤色の画像が形成される．

印画紙はネガフィルムとは異なって強い光で露光できるため比較的低い感度の感光層を用いることができる．それ故，感光層の構造はネガフィルムに比較するとシンプルである．

2.1.2 リバーサルカラーフィルムの色再現

リバーサルフィルムの色再現も基本的にはネガカラーフィルムと同一である．図 2.1(a) は ISO 感度 100 のリバーサルカラーフィルムの断面構造を示している．リバーサルフィルムでは第一現像によって感光したハロゲン銀の現像を行う．次の反転現像によって c, m, y のポジ色素像を形成する．図 2.1(b) に現像，漂白，定着処理後のフィルム構造を示す．

図 2.2 は c, m, y 色素の分光濃度分布とそれにより形成されたグレイ画像の分光濃度分布を模式的に示している．このように写真フィルムの色素や印刷インク，顔料などの分光濃度分布は，ブロック色素のような理想的吸収特性は示さない．すなわち，グレイ画像の任意の波長 $\lambda_1, \lambda_2, \lambda_3$ におけるそれぞれの色素の濃度を図のように表すとこれらの間には次の関係がある（Lambert-Beer 則という）．

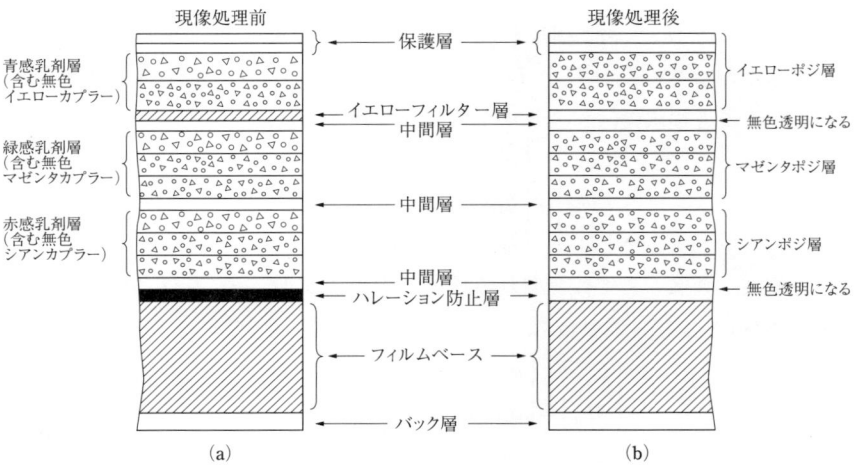

図 2.1 リバーサルカラーフィルムの層構造(a)，と現像後の像構造(b)

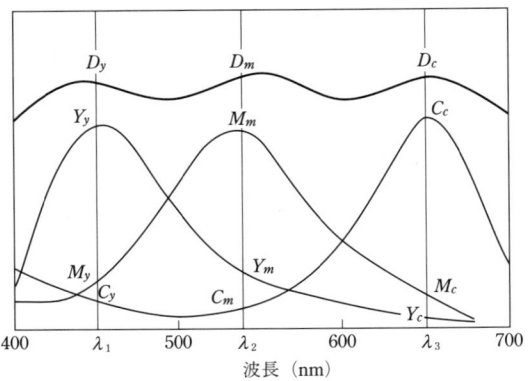

図 2.2 カラーフィルムの c, m, y 色素の分光濃度分布と積分濃度

$$\left.\begin{array}{l} D_c = C_c + Y_c + M_c \\ D_m = M_m + C_m + Y_m \\ D_y = Y_y + M_y + C_y \end{array}\right\} \quad (2.1)$$

ここで Y_c, Y_m, M_c, M_y, C_m, C_y は色素の不正吸収による濃度である. D_c, D_m, D_y を積分濃度 (integral density), C_c, M_m, Y_y など色素単独による濃度を解析濃度 (analytical density) という. 一般のリバーサルカラーフィルムでは濃度 0.3 から 2.5 程度までは C_c と C_m, C_y は線形の関係にある. また, M_m と M_c, M_y および Y_y と Y_m, Y_c も同様に線形の関係にある. したがって, D_c, D_m, D_y と C_c, M_m, Y_y は次のように表すことができる. この方程式は, マスキング方程式と呼ばれる.

$$\begin{bmatrix} D_c \\ D_m \\ D_y \end{bmatrix} = \begin{bmatrix} a_{11} & a_{12} & a_{13} \\ a_{21} & a_{22} & a_{23} \\ a_{31} & a_{32} & a_{33} \end{bmatrix} \begin{bmatrix} C_c \\ M_m \\ Y_y \end{bmatrix} \quad (2.2)$$

一般に, 画像として観測される濃度, 積分濃度 D_c, D_m, D_y から C_c, M_m, Y_y を求めること, すなわち,

$$\begin{bmatrix} C_c \\ M_m \\ Y_y \end{bmatrix} = \begin{bmatrix} a_{11} & a_{12} & a_{13} \\ a_{21} & a_{22} & a_{23} \\ a_{31} & a_{32} & a_{33} \end{bmatrix}^{-1} \begin{bmatrix} D_c \\ D_m \\ D_y \end{bmatrix} \quad (2.3)$$

は色補正のもっとも基本であり, この逆行列を求めることをマスキング方程

式を解くという．

2.1.3 カラーフィルム色再現の数式化

カラーフィルムの色再現を数式で示そう．なお，簡単のためここではリバーサルフィルムについて考える．(1.8)式の色再現のモデルでも説明したようにいま，

$O(\lambda)$：物体の分光反射率，

$E(\lambda)$：物体照明光源の分光放射率，

$L(\lambda)$：光学系の分光透過率，

$S_i(\lambda)$：カラーフィルムの分光感度分布 $(i=r,g,b)$，

$C(\lambda)$, $M(\lambda)$, $Y(\lambda)$：カラーフィルムに使用されているシアン，マゼンタ，イエロー色素の分光濃度分布，

と表せばフィルムに記録される物体の分光透過率 $T(\lambda)$ は次のように計算される．

(1) フィルムへの有効露光量（exposure density）$D_i(i=r,g,b)$ は (2.4) 式から計算できる．（ここで露光時間および光強度は各感光層に対して一定であるとし分光分布のみを考える．）

$$D_i = -\log \frac{\int_{400}^{700} E(\lambda)L(\lambda)S_i(\lambda)O(\lambda)d\lambda}{\int_{400}^{700} E(\lambda)L(\lambda)S_i(\lambda)d\lambda} \quad (i=r,g,b) \quad (2.4)$$

有効露光量 D_i は写真特性曲線を用いて発色する色素量 $A_j(j=c,m,y)$ に変換される．この変換においては現像によって生じるインターイメージ効果を考慮する必要があるがここでは簡単のため無視し，特性曲線の線形部分を考える．すなわち，C, M, Y 写真特性曲線の勾配を γ_c, γ_m, γ_y とすれば D_i によって発色する c, m, y 濃度 $A_j(j=c,m,y)$ は (2.5) 式で表される．

$$A_j = \gamma_j D_{(j=r,g,b)} + K_j \quad (j=c,m,y) \quad (2.5)$$

ここで K_c, K_m, K_y は定数である．得られた色素量と c, m, y 色素の分光濃度分布および Lambert-Beer 則からフィルム上に記録された画像の分光透過率 $T(\lambda)$ は次のように計算できる．

$$T(\lambda) = 10^{-[A_c C(\lambda) + A_m M(\lambda) + A_y Y(\lambda)]} \qquad (2.6)$$

$T(\lambda)$からフィルムに記録された画像の三刺激値や色度値が求められる．ここから，カラーフィルムにおける色再現を測色学に基づいてシミュレーションすることが可能となる．

2.2 印刷における色再現

最近の印刷はNTSCテレビやハイビジョン画像，CG (computer graphics)，ディジタルカメラからの画像を原稿とすることも行われるようになったが，大部分はリバーサルカラーフィルムを原画としている．この工程ではカラー原稿の色分解，γ補正，アンシャープマスキング，色補正などの画像処理後，UCR (under color removal, 下色除去)，UCA (under color addition, 下色加刷) などを行い，シアン，マゼンタ，イエロー，ブラックの各版は網点画像に分解し刷版が作られ印刷される．これらの処理はいわゆるトータルスキャナーを用いて行われることが多い．しかし，PCやネットワークを介した，処理の分散化によりクライアント側でも多くの画像処理が行われるようになっている．また，フィルムからではなく，直接版に網点出力するダイレクト製版も広く行われるようになり，印刷技術は大きな転換を迎えている．

印刷方式は，平版印刷（オフセット印刷），凹版（グラビア印刷），凸版印刷に大きく分類できる．また，印刷ではいずれも，原稿からいったん，版を作成する．また，印刷方式には，版に塗布したインク画像をゴムローラーなどに転写後，その画像を紙に転写するもの，版から直接インクを紙に転写する方式がある．印刷が，第3章で述べるディジタルハードコピーと異なってきわめて高速度で画像複製が可能であることは，版からの転写によることが主因である．

2.2.1 マスキングとUCR

刷版作成の工程における色補正は，通常カラーフィルムの色素の不正吸収を除去するための処理で (2.3)式マスキング方程式が解かれる．また，印刷

に使用される c, m, y インクも不正吸収のため3色を重ねても完全な黒にはならない．そこで，墨版 (BL, black printer) を用いることが行われる．墨版は通常 (2.7)式のように c, m, y の最小値 Min として計算し，それらを c, m, y から減じる．この処理を UCR 処理という．

$$\left.\begin{array}{l} BL = Min(c,m,y) \\ c' = c - k\ Min(c,m,y) \\ m' = m - k\ Min(c,m,y) \\ y' = y - k\ Min(c,m,y) \end{array}\right\} \quad (2.7)$$

ここで $k(0 \leq k \leq 1)$ は UCR の量を決める定数である．UCR を多くすると画像の彩度が低下するため再び色インクを追加することも行われる．この処理を UCA という．先に述べたように，印刷における色再現では経験に基づいた処理も多いが，DTP (Desk Top Publishing) など計算機化の波が急激に進み写真を原稿とした濃度による処理から CIE-XYZ などの測色値を持つ処理へと移行しつつある．

2.2.2 網点と Neugebauer 方程式

印刷では，写真のように一つのピクセルによって階調を表すことができない．すなわち，紙へのインクの転写はミクロ的に見るとインクが付着するか1，しないか0の2値で行われる．したがって，階調再現には網点の面積変調をすることが必要である．図2.3は，(a) 65 線/inch，(b) 150 線/inch の網点画像（NTSC テレビからの印刷画像）と 65 線網点画像を拡大した図である．網点面積の大小によって濃淡画像が得られていることがわかる．

網点の面積率 a とマクロ濃度 D との関係は (2.8)式 (Murray-Davies 式) により表される．ここで D_s はべた濃度である．

$$D = -\log[1 - a(1 - 10^{-D_s})] \quad (2.8)$$

しかしながら印刷では，一般には紙とインクによる散乱の影響でドットゲインが生じるため (2.8)式のような線形の関係は成立しない．紙における散乱を考慮した網点面積率と濃度の関係を表す式として Yule-Nielsen 式が提案

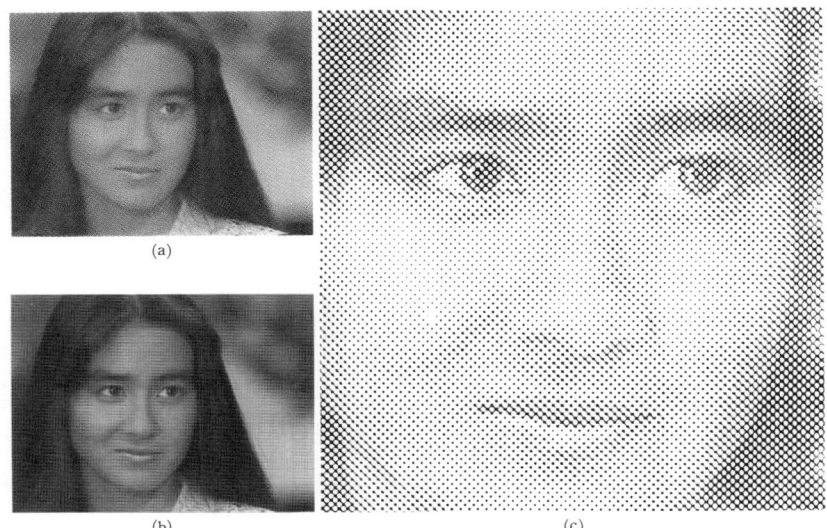

図 2.3 テレビ画像からの網点印刷の例．(a) 65 線/inch，(b) 150 線/inch，(c) 網点印刷の拡大図

されている．ここで n は紙の散乱に関係する定数である．

$$D = -n\log[1-a(1-10^{-D_{sin}})] \qquad (2.9)$$

なお，紙内部での光散乱とドットゲインについては第 9 章で詳しく触れる．

カラー印刷においては c, m, y, BL の版をそれぞれ網点により変調する．したがって，4 版が重なった場合にはモワレを生じることがある．そこで一般にはそれぞれの版は，異なった角度で網点を発生して作成される．印刷では，4 版の網点が重なりを生じることは確率的であり色再現はカラーフィルムのように濃度の重なりだけから扱うことはできない．そこで印刷の色再現は，第 3 章で述べるディジタルハーフトーン画像と同様平均的な加法混色として色再現を考えることが必要である．

Neugebauer 方程式によると再現画像の三刺激値 X, Y, Z は網点の面積率と紙を含めた基本色の三刺激値の線形和として (2.10) 式のように表すことができる．(三刺激値は第 5 章で記述する．)

$$
\left.\begin{aligned}
X &= \sum_{i=W}^{BL} A_i X_i \\
Y &= \sum_{i=W}^{BL} A_i Y_i \\
Z &= \sum_{i=W}^{BL} A_i Z_i
\end{aligned}\right\} \tag{2.10}
$$

すなわち，$(X_i, Y_i, Z_i)\,(i=W,C,M,Y,R,G,B,BL)$ は，紙（W）と1次色（C, M, Y）インクの重なりにより生じる2次色（R, G, B）および3次色（BL）計8色の三刺激値である．また，面積率 A_i は，単位面積1でのシアン，マゼンタ，イエローの網点面積率を c, m, y とし，図2.4のような重なりが生じていると考えれば次のように表される（Demichel の関係という）．

$$
\left.\begin{aligned}
A_W &= (1-c)(1-m)(1-y) \\
A_C &= c(1-m)(1-y) \\
A_M &= m(1-c)(1-y) \\
A_Y &= y(1-c)(1-m) \\
A_R &= my(1-c) \\
A_G &= cy(1-m) \\
A_B &= cm(1-y) \\
A_{BL} &= cmy
\end{aligned}\right\} \tag{2.11}
$$

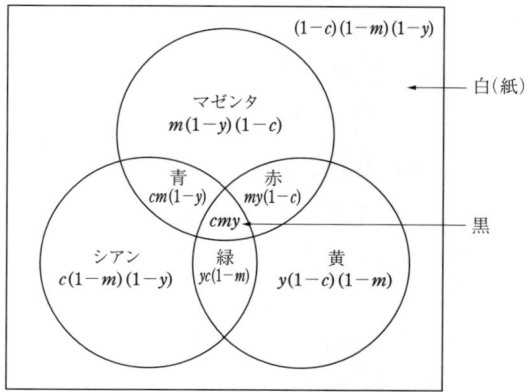

図 2.4　C, M, Y 網点の重なりと面積率（Demichel の関係）

Neugebauer 方程式は，再現画像の三刺激値を与えたときに面積率 c, m, y を予測するために用いることができるが，紙による反射光の散乱特性，すなわちドットゲインを考慮していないなどの問題があるため，そのままでは誤差を生じる．本方程式は，1933 年 Neugebauer により提案されているが，今日でも網点やドットで画像を構成する印刷，ディジタルハーフトーンプリンターによる画像色再現の理論的基礎を与えるものとして重要である．

2.3 テレビにおける色再現

加法混色による代表的な画像システムとしてテレビの色再現について簡単に触れておく．撮像管を通して R, G, B 3色分解された画像信号 E_R', E_G', E_B' は (2.12)式のように γ 補正される．

$$\left.\begin{array}{l} E_R=(E_R')^{1/\gamma} \\ E_G=(E_G')^{1/\gamma} \\ E_B=(E_B')^{1/\gamma} \end{array}\right\} \qquad (2.12)$$

ここで，撮像管の分光感度 $S_r(\lambda)$, $S_g(\lambda)$, $S_b(\lambda)$, 被写体の分光反射率 $O(\lambda)$, 照明光源の分光放射率 $E(\lambda)$ とすれば被写体の R, G, B 光に対するそれぞれのカメラの出力信号である E_R', E_G', E_B' は (1.8)式と同様に次のように表される．

$$E_i' = \int_{400}^{700} E(\lambda) S_i(\lambda) O(\lambda) d\lambda \qquad (i=R,G,B) \qquad (2.13)$$

テレビ系では写真，ハードコピーと異なって画像伝送の必要がある．このため画面の低周波成分（周波数 0.5 MHz 以下）については明るさ，彩度，色相成分のすべてを伝送し，0.5～1.5 MHz の周波数成分は色差視力の高い赤系色と青緑系の成分 (E_I) を，1.5 MHz 以上の周波数成分は輝度信号を伝送している．すなわち，γ 補正された信号はマトリクス回路を通して (E_y) (2.14)式から輝度 E_Y と色差信号 E_I, E_Q に変換される．

$$\left.\begin{aligned}E_Y &= 0.30E_R + 0.59E_G + 0.11E_B \\ E_I &= 0.60E_R - 0.28E_G - 0.32E_B \\ E_Q &= 0.21E_R - 0.52E_G + 0.31E_B\end{aligned}\right\} \quad (2.14)$$

受像機側においては伝送されてきた3信号からマトリクス回路を通してもとの3原色信号 E_R, E_G, E_B が次のマトリクスから再現される.

$$\left.\begin{aligned}E_R &= E_Y + 0.96E_I + 0.63E_Q \\ E_G &= E_Y - 0.28E_I - 0.64E_Q \\ E_B &= E_Y - 1.11E_I + 1.72E_Q\end{aligned}\right\} \quad (2.15)$$

NTSC テレビでは受像側の基準白色を標準の光 C:$(x_w=0.310, y_w=0.316)$, 3原色 (primary color) R, G, B の色度を,

$$R : (x_r = 0.67, \quad y_r = 0.33)$$
$$G : (x_g = 0.21, \quad y_g = 0.71)$$
$$B : (x_b = 0.14, \quad y_b = 0.08)$$

で定めている. したがって, テレビでは被写体の色を受像機で忠実に再現するための撮像管の分光感度特性を求めることができる. すなわち, このような色再現を実現するためには (2.13) 式における $S_r(\lambda)$, $S_g(\lambda)$, $S_b(\lambda)$ を受像機の3原色に関するスペクトル三刺激値に比例させればよい.

ハイビジョン (HDTV) における色再現も基本的には現行のテレビと同一である. 但し, 基準白色は D_{65}:$(x=0.3127, y=0.3291)$, 受像3原色の色度は,

$$R : (x_r = 0.630, \quad y_r = 0.340)$$
$$G : (x_g = 0.310, \quad y_g = 0.595)$$
$$B : (x_b = 0.155, \quad y_b = 0.070)$$

である. また, 伝送原色は (2.16) 式のようである. ここで, E_R, E_G, E_B はそれぞれ γ 補正された後の画像信号である.

$$\left.\begin{aligned}Y &= 0.212E_R + 0.701E_G + 0.087E_B \\ E_B - Y &= -0.212E_R - 0.701E_G + 0.913E_B \\ E_R - Y &= -0.788E_R - 0.701E_G - 0.087E_B\end{aligned}\right\} \quad (2.16)$$

第3章

ディジタル画像の形成

　ディジタル画像の入力には，CCDカメラによるものと，写真フィルムに記録された画像をスキャナーを通してディジタル化する手法がある．また，ディジタル画像の再現システムは，1.2節でも説明したように一つのピクセルが(1)多階調を再現できる，(2) 1, 0の2値だけを表す，の2つに分けることができる．前者の代表的なプリンターは銀塩写真を用いるレーザープリンター，CRTプリンターおよび昇華型色素によるサーマルプリンターである．一方，後者にはトナーを用いる電子写真方式のプリンターやインクジェットプリンター，溶融転写型のサーマルプリンターがある．1, 0の2値で画像の階調を再現するためディジタルハーフトーニング技術が各種開発されている．

　第2章で述べた写真，印刷，テレビでは，写真からの印刷，映画フィルムからのテレビへの変換（テレシネと呼ばれる手法）が行われてきた．ディジタル画像は，画像処理を通して，またネットワークを介して多種多様な画像メディアに送信され再現される．それ故，ディジタル画像の画質はハードウエアばかりでなくソフトウエアにも大きく依存する．

　これまでの画像複製，再現では原画像としての写真があり，色再現や階調再現などはすべて写真に近似すればよかった．しかし，ディジタルカメラ，CGやインターネットを介した画像，特性の不明な入力システムからのディジタル画像をどのように再現するかは，ディジタル画像のシステム設計をするうえで大きな課題である．各種メディア間の色変換については第9章で述べる．

　本章では，画像のディジタル化，すなわち標本化と量子化，CCDカメラおよびディジタルハーフトーン画像の色再現について説明する．

3.1 画像のディジタル化

3.1.1 標本化定理

(1.1)式で定義された2次元の画像関数である $f(x,y)$ のディジタル化について考える．いま，サンプリング関数を $S(x,y)$ で表す．$S(x,y)$ は comb 関数と呼ばれるもので次のように定義される関数である．

$$S(x,y) = \text{comb}(x,y) = \sum_{m=1}^{M} \sum_{n=1}^{N} \delta(x - m\Delta x, y - n\Delta y) \tag{3.1}$$

ここで $\delta(x,y)$ は，(3.2)式で定義される Dirac の δ 関数である．

$$\delta(x,y) = \begin{cases} \infty & x=0, y=0 \\ 0 & \text{otherwise} \end{cases} \tag{3.2}$$

したがって，サンプリングされた画像 $f_d(m\Delta x, n\Delta y)$ は次のように表すことができる．

$$f_d(m\Delta x, n\Delta y) = f(x,y) S(x,y) \tag{3.3}$$

サンプリングにおいてサンプリング間隔 Δx，Δy を小さくすれば連続関数に近くなる．しかし，データ数が膨大となる．そこでその間隔をどのようにすればよいか考えてみよう．

いま，$f_d(m\Delta x, n\Delta y)$ をフーリエ変換するとフーリエ変換のコンボリューション定理から(3.3)式は，

$$F_d(u,v) = F(u,v) * S(u,v) \tag{3.4}$$

ここで $F_d(u,v)$，$F(u,v)$，$S(u,v)$ は，$f_d(m\Delta x, n\Delta y)$，$f(x,y)$，$S(x,y)$ のフーリエ変換，$*$ はコンボリューションを表す．サンプリングされた画像のスペクトル $F_d(u,v)$ は，図3.1に示されるようにもとの画像のスペクトル $F(u,v)$ を間隔 $(1/\Delta x, 1/\Delta y)$ で無限に並べたものになる．ここで連続画像 $f(x,y)$ が $u_{\max}$，$v_{\max}$ に帯域制限されているとすれば，すなわち，$F(u,v)$ が $u_{\max}$，$v_{\max}$ 以上の周波数成分を含まないならば

$$F(u,v) = \begin{cases} 0 & u \geq u_{\max}, v \geq v_{\max} \\ F(u,v) & \text{otherwise} \end{cases} \tag{3.5}$$

ここで，

$$u = 1/\Delta x, v = 1/\Delta y$$

3.1 画像のディジタル化

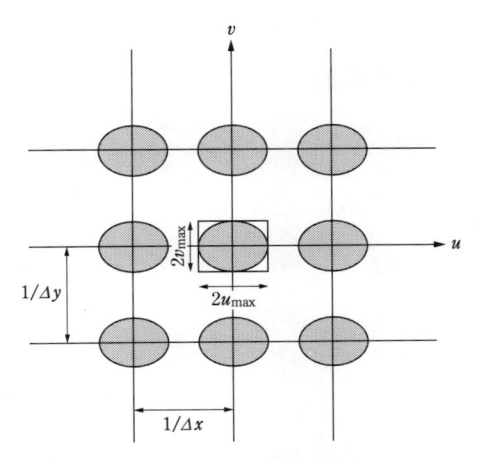

図 3.1 ディジタル画像のスペクトル

したがって，サンプリング間隔 Δx, Δy を大きくすると隣接するスペクトル同士が重なることになる．その結果，画像にエリアジングを生じる．一方，図 3.1 から明らかなように中心部のスペクトルを $2u_{max} \times 2v_{max}$ のフィルターによって取り出せばもとの画像のスペクトルと同じになる．すなわち，フーリエ逆変換により標本化された画像からもとの画像を再現することが可能になる．

このことは次のような標本化定理として表される．

画像 $f(x,y)$ が u_{max}, v_{max} 以上の空間周波数成分を持たない場合には，$f(x,y)$ は x 方向については $\Delta x = 1/2u_{max}$，y 方向については $\Delta y = 1/2v_{max}$ 以下で標本化された離散画像 $f_d(m\Delta x, n\Delta y)$ から (3.6)式により完全に決定される．このとき，$u_{max} = 1/2\Delta x$，$v_{max} = 1/2\Delta y$ をナイキスト周波数という．

$$f(x,y) = \sum_{m=1}^{M}\sum_{n=1}^{N} f_d(m\Delta x, n\Delta y)\, sinc\left(\frac{x}{\Delta x} - m\right) sinc\left(\frac{y}{\Delta y} - n\right) \quad (3.6)$$

ここで，

$$sincx = \frac{\sin x}{x}$$

である．

3.1.2 量子化

標本化が画像を空間的に離散化するのに対して量子化は画像の濃度（透過率，反射率）を数値化することである．画像関数の定義から画像は 0 から D_t の範囲の値を持つ．量子化を行う場合，通常最大，最小濃度を n 等分することがもっとも一般的である．このとき濃度のレベル差 ΔD は，

$$\Delta D = \frac{(D_{\max} - D_{\min})}{n} \tag{3.7}$$

と表される．

したがって，それぞれ量子化された値は

$D_{\min}$, $D_{\min} + \Delta D$, $D_{\min} + 2\Delta D$, …, $D_{\max}$ となる．通常の画像処理においてはこれらの値を 0 から 255 の整数に置き換える．すなわち $D_{\min} = 0$, $D_{\min} + \Delta D = 1$, $D_{\min} + 2\Delta D = 2$, …, $D_{\max} = 255$ として 8 ビットの量子化が行われる．

量子化においては，頻度が高い濃度域や画像解析の対象とする濃度範囲があらかじめわかっている場合には，その濃度域について量子化レベル数を多くするなど非線形量子化も行われる．量子化の状態は濃度ヒストグラムや第 8 章で述べるビットプレイン画像から知ることができる．

量子化の問題は ΔD をどのように選ぶかである．いま，図 3.2 に示されるように中央 A の濃度 D_A，周辺 B の濃度 D_B である被写体を考えよう．このとき A と B の濃度差は，$\Delta D = |D_B - D_A|$ である．ΔD を小さくすると A と B の領域の差異はなくなり A, B を識別することができなくなる．このとき識別できる最小濃度差を JND（just noticeable difference）という．し

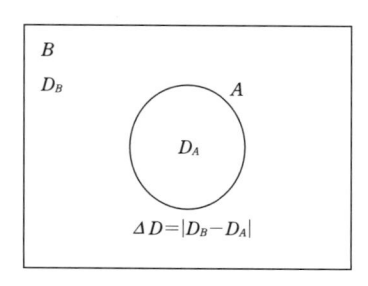

図 3.2 最小識別域

たがって，JND は量子化レベルを決める一つの尺度となる．しかし，この値は濃度，被写体のサイズ，隣接する画素濃度などにより変化するため一義的に決定できない．これらは後に述べる視覚や記録材料の MTF（modulation transfer function）とも関係する．一方，カラー画像の量子化では，均等色空間から計算される色差 ΔE を基準として，許容される色差と R, G, B 分解画像のレベルとの対応から量子化レベルを決めることができる．なお，色差については第5章で述べる．

3.2 ディジタルカメラ

3.2.1 固体撮像素子（CCD）

銀塩写真に代わり固体撮像素子を用いるディジタルカメラが広く使用されるようになった．固体撮像素子には MOS，CCD 型がある．現在の大部分のディジタルカメラは CCD を使用している．ここでは，CCD を用いたディジタルカメラの色再現について述べる．

図 3.3 に IT-CCD（interline transfer charge cupled device）の構成を示す．CCD に対する画像の形成は次のように行われる．すなわち，シリコン基板上に2次元的に配列された CCD に，レンズ系を通した被写体からの露光によって蓄積された電荷は，転送ゲートを通して垂直に並んでいるレジスターに移される．その後，ゲートが閉じて，再び各ダイオードは光信号により生じる電荷を蓄積する．一方，垂直レジスターの電荷は1行分ずつ水平 CCD レジスターに移されて出力信号となる．出力信号の読み出しが終了すると再びゲートが開かれて垂直レジスターに CCD からの電荷が転送されメモリに蓄積され画像情報が記録される．

現在使用されている CCD の一つの画素サイズは，数マイクロから10数マイクロである．また，現在市販されている一般のディジタルスチルカメラに使用されているピクセル数は数十万から250万である．一方，超高解像 CCD として 4096（H）×4096（V）（ここで H は水平方向，V は垂直方向），7168（H）×4096（V）の画素数を持つものが市販されている．代表的な CCD の感度は 7.5〜10（μV/el），ダイナミックレンジ：75 dB，暗電流：室

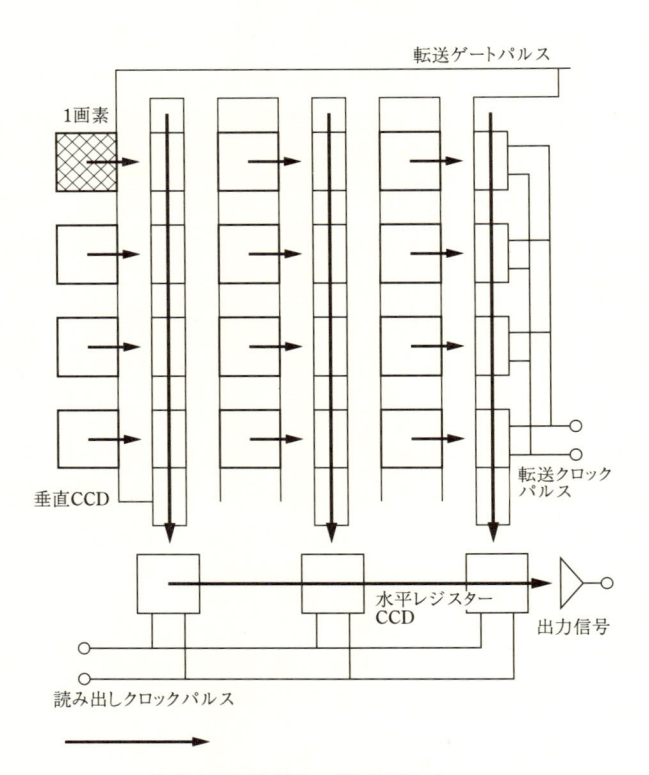

図 3.3　CCD 素子の電荷転送プロセス

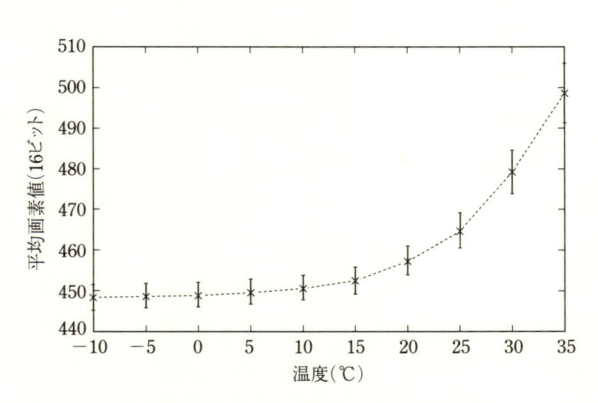

図 3.4　CCD 素子の暗電流の温度依存性

温で 10 (pA/cm²) ～100 (pA/cm²) 程度である．暗電流は，温度に依存し，温度とともに増大する．このため，Peltier 効果などを用いて冷却する CCD カメラも開発されている．図 3.4 は CCD カメラの暗電流の温度依存特性の例である．ここで横軸は温度（℃），縦軸は，16 ビット（65536 レベル）出力に対する変動である．

3.2.2 CCD の分光感度とカラーフィルター

CCD カメラの色再現に関わるもっとも重要な特性は，その分光感度特性である．CCD は，450 nm 以下の短波長光での感度は低いが近赤外にまで感度があるため，通常のカメラでは赤外線を遮断するフィルターがカラーフィルターと併用されている．図 3.5 に，CCD の分光感度と赤外線カットフィルターの分光透過率および総合的な分光特性の例を示す．

ディジタルカメラは 3 板式と単板式が開発されているが，ディジタルカメラとして市販されているカメラは，ほとんどが単板式である．単板式カメラは，色情報を得るために図 3.6(a) に示されるような 3 色フィルターが CCD チップの上に空間的に配置されている．したがって，R, G, B それぞれの信号は，図 3.6(b) に示されるように白色部分で情報の欠如した画素が生じる．そこで，補間から画素値を推定することが必要となる．図 3.6(c) は，隣接する画素線形補間のためのフィルターの例である．CCD カメラでは，このような補間方法，フィルターの空間配列およびその分光透過率が画質に大きく影響する．

すなわち，カラーフィルターについては，
1. 色の偽信号が少ない,
2. できるだけ分光透過率が大きい,
3. 輝度信号を広帯域で獲得できる,
4. S/N がよい,
5. フィルターの製作が容易,
6. 色分離がしやすい,

などが重要である．一方，補間については，ニアレストネイバー，線形補間，キュービックコンボリューションなどのほか，隣接画素の相関を用いるなど

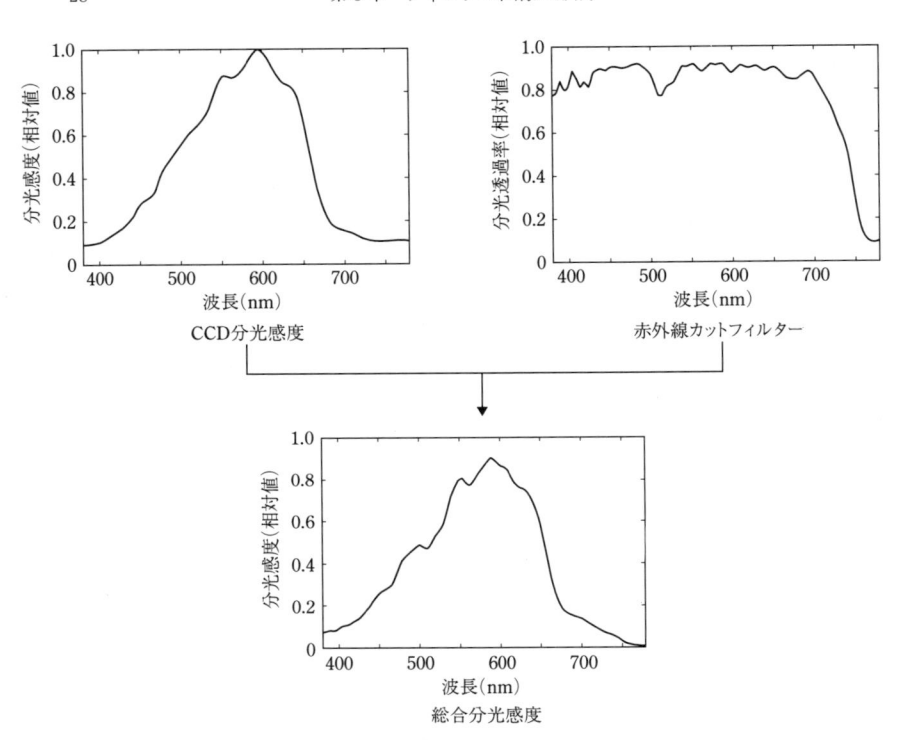

図 3.5 CCD 素子の分光感度特性と赤外線カットフィルターの分光透過率および CCD の総合的な分光特性

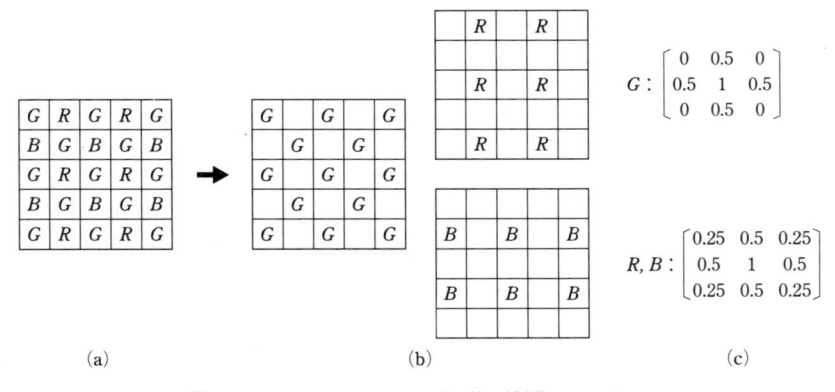

図 3.6 CCD のフィルター配列と補間フィルター

R	G	B	R	G
G	B	R	G	B
B	R	G	B	R
R	G	B	R	G
G	B	R	G	B

$$R, G, B : \begin{bmatrix} 0.25 & 0.375 & 0 \\ 0.375 & 1 & 0.375 \\ 0 & 0.375 & 0.25 \end{bmatrix}$$

R	G	R	G	R
B	G	B	G	B
R	G	R	G	R
B	G	B	G	B
R	G	R	G	R

$$G : \begin{bmatrix} 1/6 & 0 & 1/6 \\ 1/6 & 1 & 1/6 \\ 1/6 & 0 & 1/6 \end{bmatrix}$$

$$R, B : \begin{bmatrix} 0.25 & 0.5 & 0.25 \\ 0.5 & 1 & 0.5 \\ 0.25 & 0.5 & 0.25 \end{bmatrix}$$

図 3.7　CCD フィルター配列と補間フィルターの例

種々の方法が提案されている．図 3.7 にカラーフィルターの空間配置と補間の例を示す．

3.3　ディジタルハーフトーン画像

3.3.1　ディザ法と濃度パターン法

　画像の出力デバイスを考えるおり，数ミクロンから数十ミクロンのピクセルサイズで連続階調を再現することは容易ではない．したがって，先に述べたように印刷では古くから網点の面積変調により階調のある画像再現を行っている．2 値のディジタルプリンターの階調再現も一つのドットが示すサイズが網点に比べ大きい点を除いては，印刷の網点技術と基本的には同様で，ドットの面積変調や密度変調に基づいている．これまで提案されている主なディジタルハーフトーン技術は組織的ディザ法，濃度パターン法，誤差拡散法，ランダムドット法，ブルーノイズ法などである．

　2 値で画像の階調を表すには単位面積当たりに出力するドット数あるいはドットサイズを濃度に応じて変化すればよい．もっとも基本となる組織的ディザ法 (on demand dither method) では (3.8) 式のように入力画像 $f(x, y)$ の各ピクセル値をディザマトリクス D_{ij} と比較し 2 値画像 $g(x, y)$ を得るのである．

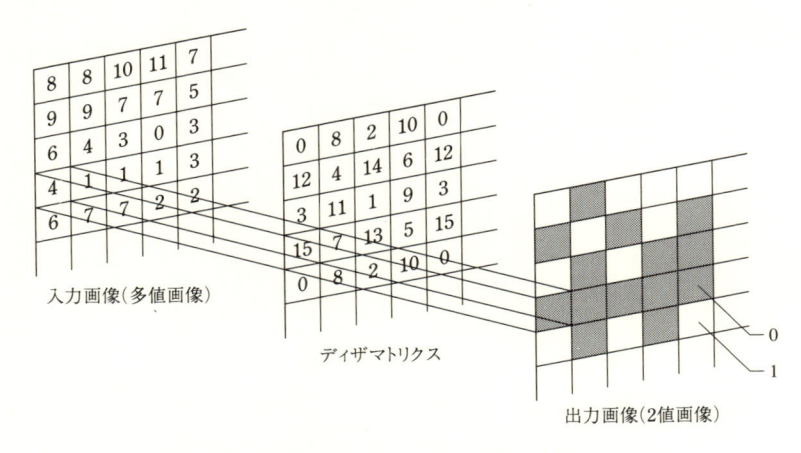

図3.8 ディザマトリクスによる2値画像への変換

$$g(x,y) = \begin{cases} 1 & f(x,y) \geq D_{ij} \\ 0 & f(x,y) < D_{ij} \end{cases} \tag{3.8}$$

図3.8に4×4ディザマトリクスによる2値画像への変換法を示す．図に示されるように，4×4のサイズで対応する画素とマトリクスを比較し，すべての画素について繰り返して2値化を行うのである．したがって，4×4では紙の白を含めて17階調，8×8のマトリクスでは65階調を実現できる．図3.9に代表的なディザマトリクスである8×8(a)集中網点型, (b)網点II型, (c)均衡網点型, (d) Bayer型の例を示す．図3.10(a), (b)に4×4のBayerマトリクス，集中網点型マトリクスを用いたディザ画像の例を示す．

図から明らかなように2値画像は，原画像において濃度が高い部分では1となる画素密度が高くなり，また濃度の低い部分では疎となる．したがって，一つの画素が十分に小さいときには，視覚のバンドパス特性によって個々の画素に起因する高周波成分がカットされ，中間調のある画像が得られる．

ディザ法では，画質は使用するマトリクスの形状に大きく依存する．最適な画質を与えるマトリクスをどのように導出するかの法則はないが，例えば(3.9)式，2×2 Limbのマトリクスと単位マトリクス U を用いて次のようにディザマトリクスを導くことができる．

3.3 ディジタルハーフトーン画像

57	52	38	27	26	41	53	58
47	39	20	13	12	19	40	48
33	21	9	3	2	8	18	34
28	14	4	0	1	7	17	31
37	22	10	5	6	11	25	36
51	44	23	15	16	24	43	50
61	55	45	29	30	42	54	60
62	56	46	32	35	49	59	63

(a)

13	23	51	54	52	45	21	11
33	49	40	26	24	38	47	31
61	42	18	6	4	16	36	59
56	28	8	0	2	14	34	62
53	44	20	10	12	22	50	55
25	39	46	30	32	48	41	27
5	17	37	58	60	43	19	7
3	15	35	63	57	29	9	1

(b)

48	36	20	52	50	38	22	54
16	0	4	40	18	2	6	42
32	8	12	24	34	10	14	26
60	28	44	56	62	30	46	58
51	39	23	55	49	37	21	53
19	3	7	43	17	1	5	41
35	11	15	27	33	9	13	25
63	31	47	59	61	29	45	57

(c)

0	32	8	40	2	34	10	42
48	16	56	24	50	18	58	26
12	44	4	36	14	46	6	38
60	28	51	20	62	30	54	22
3	35	11	43	1	33	9	41
51	19	59	27	49	17	57	25
15	47	7	39	13	45	5	37
63	31	55	23	61	29	53	21

(d)

図 3.9 8×8 ディザマトリクスの例
(a) 集中網点型, (b) 網点 II 型, (c) 均衡網点型, (d) Bayer 型

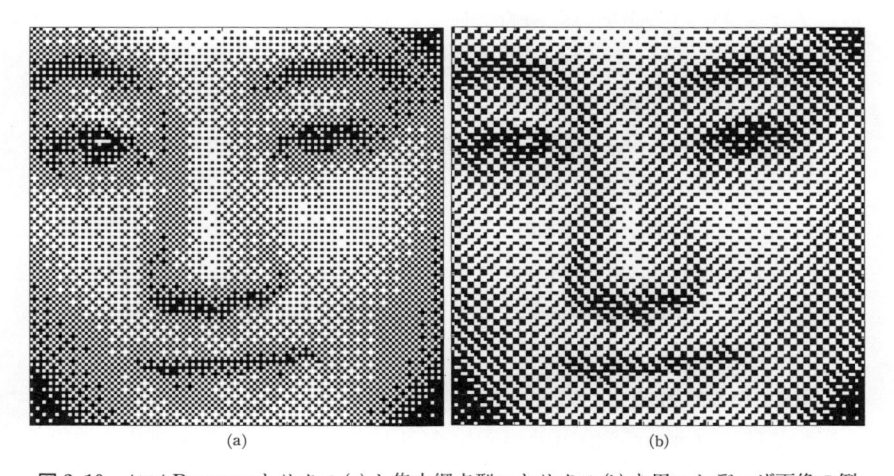

図 3.10 4×4 Bayer マトリクス (a) と集中網点型マトリクス (b) を用いたディザ画像の例

$$\boldsymbol{D}^2 = \begin{bmatrix} 0 & 2 \\ 3 & 1 \end{bmatrix}$$

$$\boldsymbol{U}^n = \begin{bmatrix} 1 & 1 & \cdots & 1 \\ 1 & & \cdots & 1 \\ \cdots & \cdots & \ddots & \\ 1 & \cdots & \cdots & 1 \end{bmatrix} \quad (3.9)$$

$\boldsymbol{D}^2$ と $\boldsymbol{U}^n$ から,

$$\boldsymbol{D}^n = \begin{bmatrix} 4D^{n/2} & 4D^{n/2} + 2U^{n/2} \\ 4D^{n/2} + 3U^{n/2} & 4D^{n/2} + U^{n/2} \end{bmatrix} \quad (3.10)$$

$n=4$ を代入すると,4×4 Bayer マトリクスが得られる.

$$\boldsymbol{D}^4 = \begin{bmatrix} 0 & 8 & 2 & 10 \\ 12 & 4 & 14 & 6 \\ 3 & 11 & 1 & 9 \\ 15 & 7 & 13 & 5 \end{bmatrix}$$

一方,濃度パターン法は,原画像の各画素ごとに閾値を決めるのではなく,あるブロックごとの平均値を閾値として2値化を行う手法である.ディザ法や濃度パターン法では均一な濃度をもつ画像領域でドットパターンの周期構造によるノイズが問題となる.また,このような画像をラインセンサーによりスキャニングを行うと強いモワレが生じる.そこで,これらのモワレを低減するため,例えば,図3.11に示すよう濃度パターン法により2値化された画像のドット位置をその画素と隣接する任意の方向に乱数を用いて移動する.このような手法でモワレを大幅に低減できる.この他,乱数を閾値として2値化を行うランダムドット法なども提案されている.

3.3.2 誤差拡散法

誤差拡散法(error diffusion method, ED法)は2値画像を求める閾値 t によって生ずる誤差を隣接画素に拡散し,誤差の低減を行う手法で階調再現

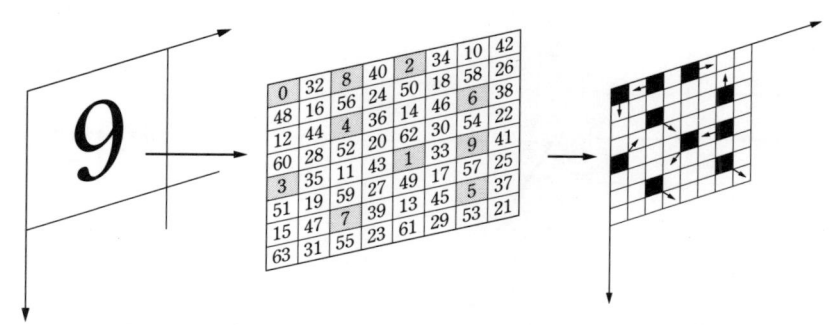

図 3.11 濃度パターン法に基づく疑似ランダム法による 2 値画像

に優れたディジタルハーフトーニング手法である．この手法は，座標 (m, n) で q ビットのレベルを持つ画素 f_{mn} を閾値 t により 2 値化し V_{mn} を得る際，t により生ずる誤差 $E_{m+i,n+j}$ を重み W_{ij} を付加して隣接画素に拡散し補正値 X_{mn} を決定する手法である．

$$\left.\begin{aligned}
&0 \leq f_{mn} \leq 255 \\
&V_{mn} = \begin{cases} 255 & X_{mn} > t \\ 0 & X_{mn} \leq t \end{cases} \\
&X_{mn} = f_{mn} + \sum_{ij} W_{ij} E_{m+i,n+j} \\
&E_{m+i,n+j} = X_{m+i,n+j} - V_{m+i,n+j}
\end{aligned}\right\} \quad (3.11)$$

入力画像 f_{mn} が 8 ビットの濃淡を持ち，図 3.12(a) のような分布をしている例を考えよう．いま，239 の画素値を持つ画素についてみると，閾値 $t=128$ とすれば，この画素は図 3.12(b) のように 255 として出力される．したがって，この画素では $239-255=-16$ が 2 値化により生じた誤差である．この誤差を，例えば，図 3.12(c) に示されるよう隣接画素に拡散し，新たな入力値とするのである．誤差拡散に用いられる Jarvis による重み係数を図 3.13 に示す．図 3.14(b) は (a) の画像を誤差拡散により作成した画像の例である．

3.3.3　ベクトル誤差拡散法

ディジタルハーフトーン画像の色再現を行うには，R, G, B 分解像おのおのについてディザ，誤差拡散などの処理を行いそれらの 2 値画像を合成す

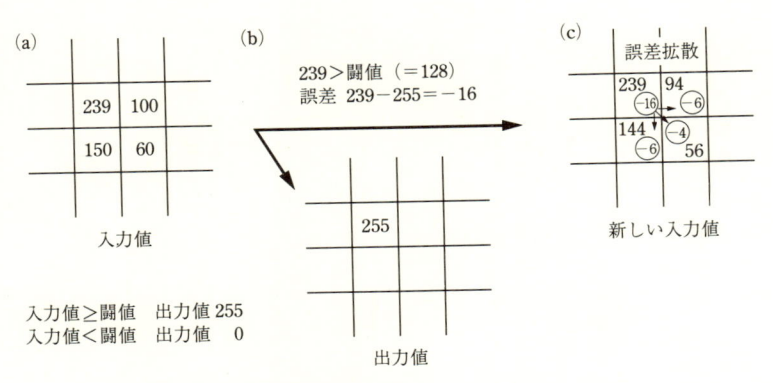

図 3.12 誤差拡散法によるディジタルハーフトーン
(a) 入力画像，(b) 2 値化，(c) 誤差の拡散

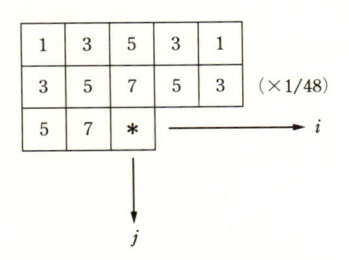

図 3.13 Jarvis による誤差拡散の重み係数

ればよい．しかし，これらの手法では測色的色再現が必ずしも保証されない．そこで，XYZ あるいは $L^*a^*b^*$ 空間での色度差，色差などを誤差として用いるベクトル誤差拡散法（vector error diffusion method, VED 法）が提案されている．この手法について簡単に説明する．

　Neugebauer 方程式において説明したように c, m, y を用いるプリンターではこれら 1 次色と c, m, y の混色によって生じる 2 次色 R, G, B および 3 次色 K と紙の白を加えた 8 色が基本色である．いま，f を XYZ あるいは $L^*a^*b^*$ 空間での三刺激値を示すベクトルとする．このとき 8 色から 1 色を選ぶことにより生ずる誤差ベクトル e_{mn} およびその補正ベクトル x_{mn} は以下のように計算される．

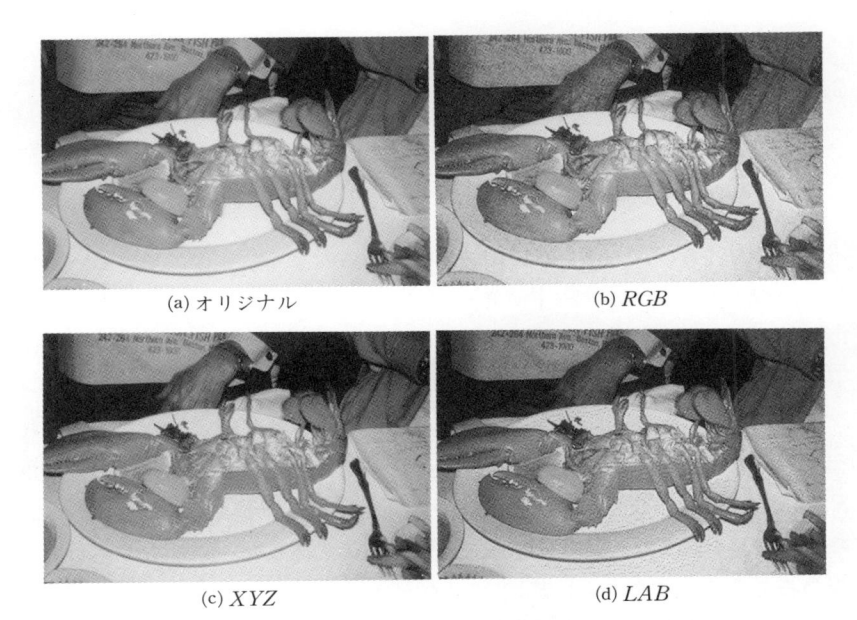

図 3.14 (a) 連続調画像からの誤差拡散画像の例，(b) RGB，(c) XYZ，(d) LAB を用いたベクトル誤差拡散画像

$$x_{mn} = f_{mn} + \sum_{ij} w_{ij} e_{m+i, n+j}$$
$$e_{m+i, n+j} = x_{m+i, n+j} - v_{m+i, n+j} \qquad (3.12)$$

重み w_{ij} は図 3.13 と同様に決定する．また，8個の基本色からの1色の選択は，

$$v_{mn} = v_t |\min\{\|x_{mn} - v_t\|\}| \qquad (3.13)$$

ここで $\| \; \|$ はユークリッドノルムである．すなわち，ベクトル x_{mn} にもっとも近い基本色が選ばれることを意味する．例えば，色差あるいは色度差を計算して x_{mn} にもっとも近い色が基本色の G であったとしよう．このとき，画素 (m, n) において，シアンとイエローインクをオンとし G を出力するのである．このような手法は，測色的にハーフトーン画像を設計できる点で優れているが，誤差の伝搬により色のにじみが生じるなどの欠点もあり種々の改良法が提案されている．

図3.14(c), (d)に XYZ および $L^*a^*b^*$ 色空間での色差を用いたベクトル誤差拡散画像の例を示す．

3.4 同心円モデルと色再現

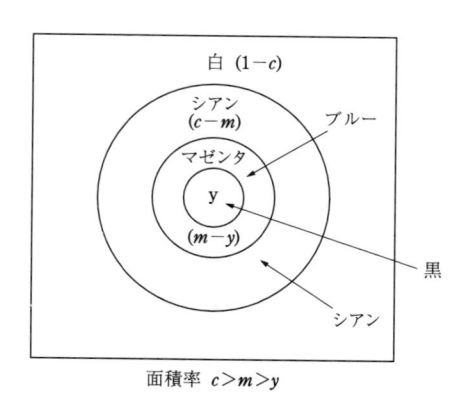

印刷における網点の重なりは図2.4に示されたように確率的である．しかしながら，ディジタルハードコピーでは C, M, Y のドットは印刷のように異なったスクリーン角度で確率的に配置するのではなく，理論的に配置することも可能である．例えば，図3.15に示されるように C, M, Y インクをそれぞれのドットが同心円状に重なることを考えてみよう．ここでそれぞれのドットの面積 c, m, y を $c>m>y$ と仮定すれば1次色 C, 2次色 R, 3次色 K および白 W の4色が形成される．このとき c, m, y ドットの面積の大小により6通りの組み合わせが可能であるがいずれも4色が生じるのみである．すなわち，先の Neugebauer 方程式は8色の組み合わせを考えることが必要であったが，図3.15のようなドット構成の場合には（2.10）式は（3.14）式のように表すことができる．ここで X_i, Y_i, Z_i ($i=W,C,B,K$) は，それぞれ紙，シアン，ブルー，墨の三刺激値である．

図3.15 ドットの同心円状の重なり ($c>m>y$) の場合

$$
\left.\begin{aligned}
X &= (1-c)X_W + (c-m)X_C + (m-y)X_B + yX_K \\
Y &= (1-c)Y_W + (c-m)Y_C + (m-y)Y_B + yY_K \\
Z &= (1-c)Z_W + (c-m)Z_C + (m-y)Z_B + yZ_K
\end{aligned}\right\} \quad (3.14)
$$

この方程式は比較的容易に解くことができ，ディジタルハーフトーン画像の色再現を理論的に論じることが可能となる．

3.5 ドットゲイン

ドットや網点の面積変調，密度変調により濃淡画像を形成する印刷，ディジタルハーフトーン画像では，ドットの面積率と得られるマクロ濃度とはドットゲインのために (2.8) Murray-Davies の式で規定されるような理論値とは対応しない．

ドットゲインは，インクや紙内部での光散乱により生じる光学的ドットゲイン (optical dot gain) とインクの紙への拡散により生じるメカニカルドットゲイン (mechanical dot gain) とに分けられる．すなわち，光学的ドットゲインはドットが理論通りの形状をなしていても，紙内部での光散乱により実際の網点よりも広く振舞う現象である．一方，メカニカルドットゲインはインクの紙あるいは転写ブランケット上での広がりにより，ドットが実際の網点面積よりも広く印刷される現象である．

図 3.16 は光学的ドットゲインの現象を模式的に示している．いま，紙の上に透過率 T のインクが，印刷されているとする．また紙の反射率を r とする．強度 I の光がこの画像に入反射することを考えよう．この場合，入

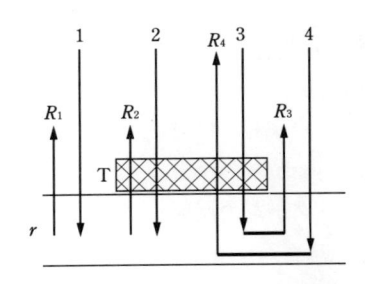

図 3.16　光学的ドットゲインの物理的意味

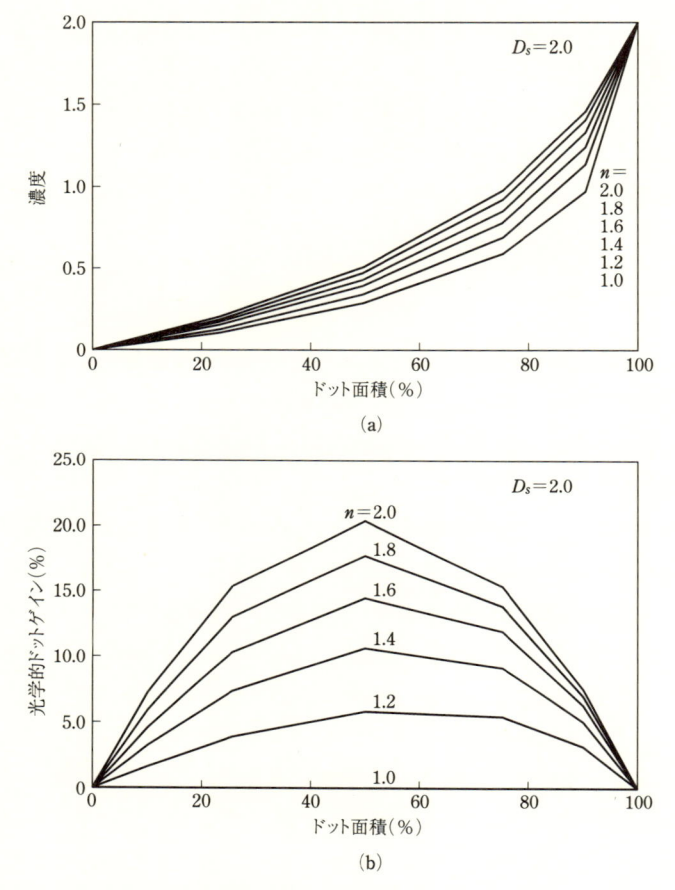

図 3.17 べた濃度 2.0 における網点面積率と濃度 (a) および光学的ドットゲイン (b) (Yule-Nielsen 式によるシミュレーション) の関係

反射光は次の 4 つの場合が考えられる．
 1. 紙から紙への入射と反射，
 2. インクからインクへの入射と反射，
 3. インクへの入射光の紙からの反射，
 4. 紙への入射光のインクからの反射．

紙内部での光散乱がない場合，すなわちドットゲインがない (1, 2 の場合) には反射光 $R_1 = Ir$, R_2 は，

3.5 ドットゲイン

$$R_2 = IT^2r + Ir = Ir(T^2+1) \tag{3.15}$$

また光学的ドットゲインを考慮する (3, 4 の場合) には反射光 R_3, R_4 は

$$R_3 = R_4 = ITr + IrT = 2IrT \tag{3.16}$$

となる.例えば,紙の反射率を100%,インクの透過率を10%,とすれば,反射される光は,それぞれ $R_1=1.0$, $R_2=1.01$, $R_3=R_4=0.2$ であり,ドットゲインがある場合には反射率の減少,すなわち濃度がみかけ上増大することがわかる.

ドットゲインは,ある網点面積率での理論的な濃度 D_t と実際に観測される濃度 D_p の差の比率 $r=(D_p-D_t)/D_t$ として表される.(2.9)式で説明したYule-Nielsen 式の n 値(ドットゲインを表す係数,$n=1.0$ はドットゲインのない場合で Murray-Davies 式に対応する)の変化に伴う網点の面積率と濃度およびドットゲインの関係を図 3.17(a),(b)に示す.この図はべた濃度 2.0 の場合のシミュレーション結果である.図に示されるようにドットゲインは網点面積率50%のときに最大になる.ドットゲインは,このように n 値という経験則に基づいて解析されてきたが最近,ドットゲインを紙内部での入射光の散乱に伴う PSF の振舞いとして定式化するモデルが提案されている.この問題についてはあとの 9.5 節で説明する.

第4章

色の測定

　色彩画像の解析，処理においてもっとも基礎となるのは，その分光反射率（spectral reflectance）の測定である．分光反射率は，人間の可視光域である波長，380 nm から 780 nm について測定されるが，通常，視覚の感度が低い短波長域，長波長域をカットし 400 nm から 700 nm で測定される．また，波長分解能は 5 nm あるいは 10 nm とし，61 分割あるいは 31 分割のデータとして処理される．このように測定された分光反射率は，CIE-XYZ，$L^*u^*v^*$，$L^*a^*b^*$などの表色系を用いて表す．一方，第 2 章で述べたように写真，印刷やテレビなど大部分の画像システムは，分光反射率ではなく，物体の分光反射率をフィルターを通して積分し R，G，B 3 チャンネルの情報（反射率，濃度）として扱うことが長年行われている．本章では，分光反射率と 3 色分解濃度の測定について述べる．

4.1　分光反射率測定

　図 1.4 の色再現のモデルに示されるように物体の分光反射率の測定は，画像の色再現解析における基礎である．分光反射率（透過率）測定では，分光光度計や分光放射輝度計が使用される．前者は，物体の分光反射率のみが測定可能なのに対し，後者は発光物体の分光放射率も測定できる．

　分光光度計は，干渉フィルター，プリズム，回折格子などで分光された光で画像あるいは被写体を照明し，その反射率あるいは透過率を波長ごとに測定する器械である．逆に反射された光を，回折格子などで分光する方式もある．

　図 4.1 は，筆者らが開発した胃粘膜の分光反射率を測定する内視鏡分光器の構成図である．この装置は，ライトガイドを通して照明された胃粘膜から

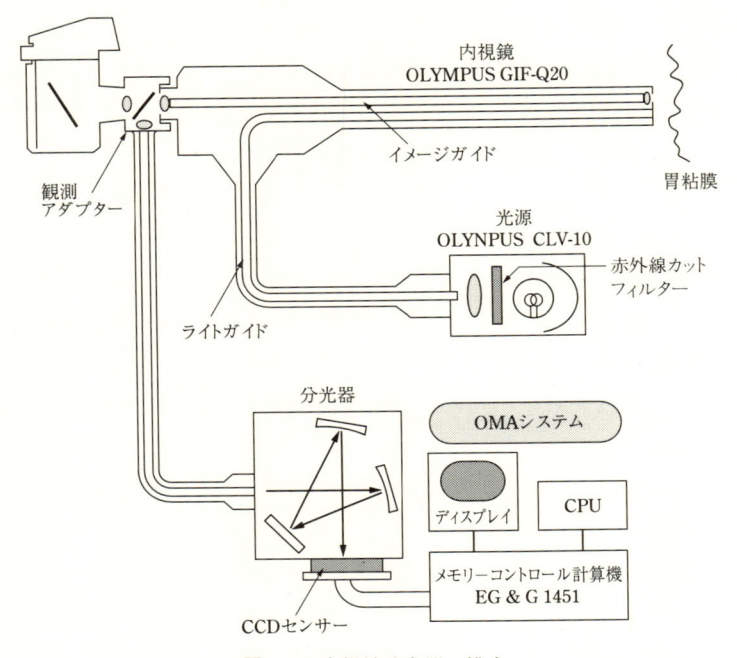

図 4.1 内視鏡分光器の構成

の反射光をイメージガイドで回折格子分光器に入力し，分光し，波長に沿って置かれたCCDラインセンサーで分光情報を計算機に記録する．波長とラインセンサーは，水銀スペクトルなど波長が既知である輝線スペクトルを用いて較正する．

分光反射率には，分光器に用いられている光学系の分光特性，光電変換系の分光感度等の特性が含まれている．したがって，分光反射率を測定する場合，硫酸バリューム（$BaSO_4$），酸化マグネシューム（MgO）あるいは較正された標準白色板を反射率100％として白色の基準とし，測定値の補正を行うことが必要である．図4.2は，異なった距離から内視鏡分光器で測定したMgOの分光反射率である．すなわち，この分光反射率には装置の特性が含まれている．したがって，胃粘膜の分光反射率を求めるためには，この分光反射率を分母として測定値を正規化することが必要である．図4.3にこの分光器で測定した310個の胃粘膜分光反射率の例を示す．

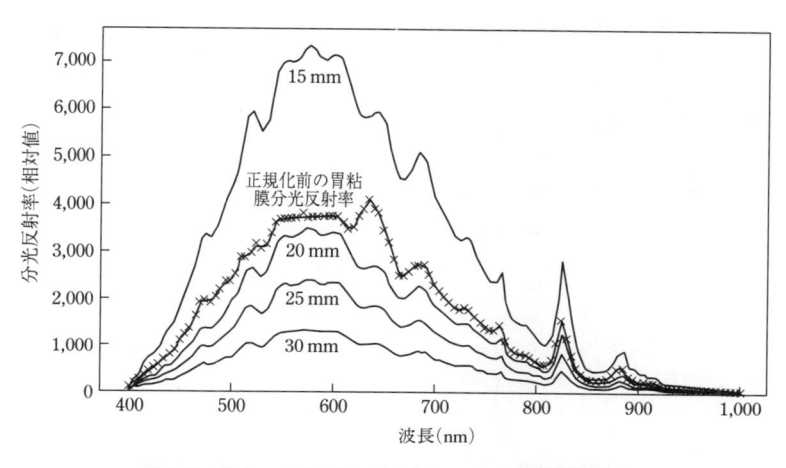

図 4.2 異なった距離から測定した MgO の分光反射率

分光反射率は，測定における光学，照明系の幾何学的条件によりその値が変動することに注意しなければならない．図 4.4(a)〜(d) は，代表的な分光器の測定，照明の幾何学的条件である．
(a) 試料面を 45 度照明，垂直方向測定 (45/0)
(b) 垂直照明，45 度測定 (0/45)

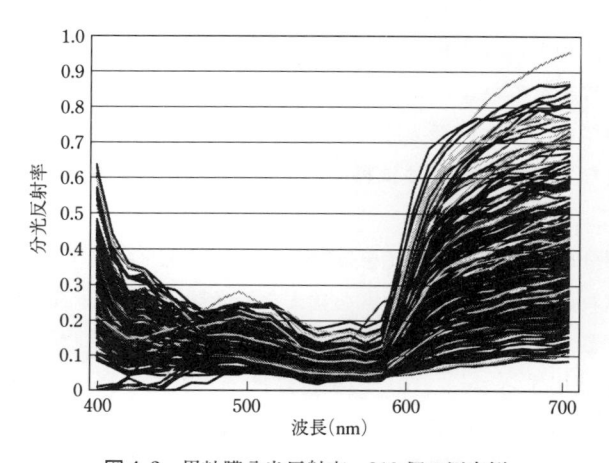

図 4.3 胃粘膜分光反射率，310 個の測定例

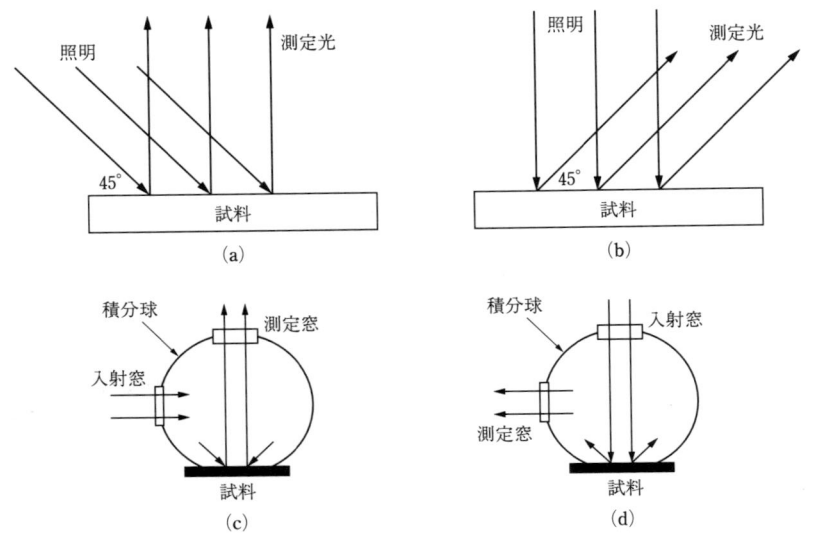

図4.4 分光反射率測定の光学的配置
(a) 45/0, (b) 0/45, (c) 積分球使用 (d/0), (d) 積分球使用 (0/d)

(c) 積分球使用，拡散光照明，垂直光測定 (d/0)
(d) 積分球使用，垂直光照明，拡散光測定 (0/d)

これらの測定において，

(a)では，45±5度の角度をなす光線束で試料を照明する．また，観測角と試料の法線とのなす角が10度以下とし，光軸と5度以上の傾きをなす光線が含まれていないことが必要である．

(b)については，(a)と同様で照明光線束の光軸が試料の法線に対して10度を越えないこと．測定は試料面の法線に対して45度±5度から観測すること．

(c)は，積分球を用いて入射光を拡散しその反射光を測定する．

(d)は，試料面を5度以上の傾きを含まない光線で照明し，拡散された光を測定する．

積分球を使用する (c)，(d) の場合には，入射光線窓，試料面窓の面積が積分球の全面積の10%以下であることが必要である．分光反射率は，その測定法により異なった値を示す．したがって，どのような視環境下で画像

4.2 表面反射光と内部反射光

の観測を行うかも考慮して測定法を決定することが必要である．

4.2 表面反射光と内部反射光

分光反射率は，もう少し厳密に見ると紙とインクなどの表面での反射と紙内部で散乱し反射された光の混合として測定されたものである．紙内部での光散乱は，3.5 節で説明したように印刷やディジタルハーフトーン画像では，光学的ドットゲインを生じる．それ故，表面反射光成分 (specular reflection) と内部散乱光成分 (body reflection あるいは diffuse reflection) を分離して計測することが必要な場合もある．物体の表面層が不均質誘電物質 (inhomogeneous material) から構成されている場合には，物体からの反射光は 2 成分の線形和で表すことができる．このモデルは 2 色モデル (dichromatic model) と呼ばれている．2 色モデルについては，第 10 章で説明する．

一方，表面反射光は入射光と同じ偏光面を持つ直線偏光を持ち，内部反射光は偏光性がなくなることが知られている．それ故，偏光フィルターを光源および撮影系に挿入することによって，分光反射率の表面反射光成分と内部反射光成分を別々に得ることができる．それ故，偏光フィルターを光源，撮影系に挿入することによって，得られた画像を用いて，表面反射光成分画像と内部反射光成分の画像を別々に得ることができる．

いま，大文字の S, D を表面反射，内部反射，小文字 p, s をそれぞれ P 偏光成分，S 偏光成分と表そう．例えば，物体から反射される内部反射光の P 偏光成分は $I(Dp)$，表面反射光の P 偏光成分は $I(Sp)$ と表せる．図 4.5 (a) に示されるように照明光源前に P-偏光素子（フィルター）を挿入し物体を照明することを考える．物体からの表面反射光は P 偏光性を保つ．この値は Spp と書ける．一方，内部反射光は偏光性を失う．この値を Dps と表す．センサーの前に P 偏光素子を挿入すれば，表面および内部反射光の P 偏光成分である $I(Spp)$，$I(Dpp)$ の和である Ipp が入力される．また，図 4.5 (b) のようにセンサーの前に S 偏光素子を置けば，Spp は，吸収され内部散乱光の S 偏光成分である $I(Dps)$，すなわち Ips が入力される．したがって，

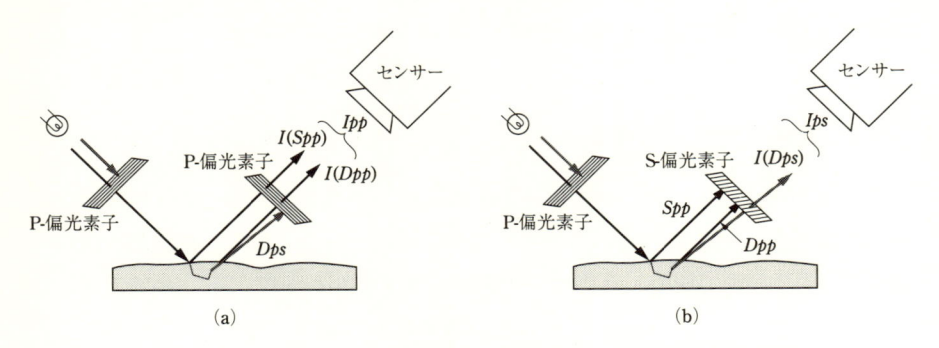

図 4.5 偏向フィルターを用いた表面反射光と内部散乱光の分離

$$\left.\begin{array}{l} Ipp = I(Dpp) + I(Spp) = I(Dp)/2 + I(Sp) \\ Ips = I(Dps) + I(Dp)/2 \\ I(Sp) = Ipp - Ips \\ I(Dp) = 2Ips \end{array}\right\} \quad (4.1)$$

同様に，光源前にS-偏光素子を置きセンサーの前にS-偏光素子，P-偏光素子を挿入すればそれぞれ Iss，Isp が求まる．

　自然光ではP偏光とS偏光の強度は等しいと考えてよい．したがって，自然光で物体が照明されている場合には，その物体の表面反射光成分 $I(S)$ と内部反射光成分 $I(D)$ は次のようにそれぞれのセンサー応答から計算できる．すなわち，物体表面光と内部反射光の分離が行えたことになる．

$$\begin{array}{l} I(S) = I(Sp) + I(Ss) = Ipp - Ips + Iss - Isp \\ I(D) = I(Dp) + I(Ds) = 2\{Ips + Isp\} \end{array} \quad (4.2)$$

図 4.6 に上記にしたがって表面反射光 $I(S)$ と内部反射光 $I(D)$ を求めるフローを示す．このような偏光フィルターを用いて顔画像から表面反射光成分と内部反射光成分を分離した例を図 4.7 に示す．表面反射成分では毛穴等の凹凸や光源の反射光が見られる．また，内部反射光成分には顔の色情報が記録されていることがわかる．このような手法は，胃粘膜の撮影の他，絵画などマルチバンド画像からの分光情報推定においても有効である．

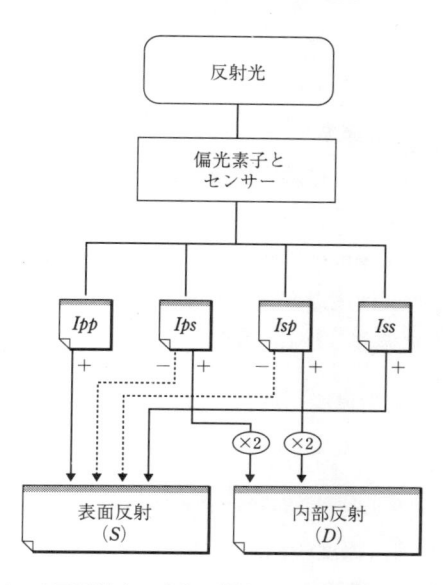

図 4.6　表面反射光と内部反射光を分離するためのフロー

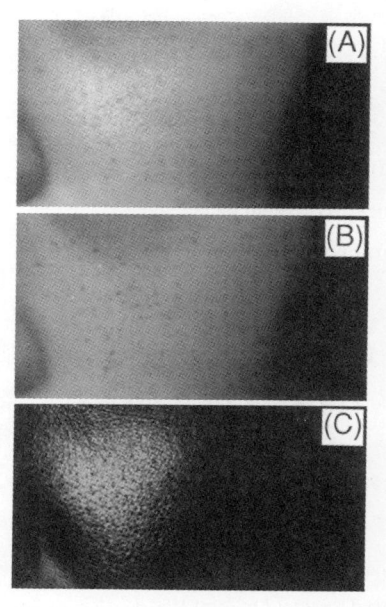

図 4.7　顔画像からの表面反射光と内部反射光の分離例
(A)原画像，(B)表面反射光，(C)内部散乱光

4.3 濃度の測定

4.3.1 投影濃度と拡散濃度

濃度は写真フィルムのように透明の支持体に形成された画像の濃度と写真印画紙やハードコピーのように紙面に形成された画像の濃度に大別でき，前者を透過濃度（transmittance density），後者を反射濃度（reflection density）という．透過濃度は透過率 T，反射濃度は反射率 R の逆数の常用対数として次式のように定義される．

$$反射濃度 \quad D_r = -\log R \tag{4.3}$$

$$透過濃度 \quad D_t = -\log T \tag{4.4}$$

すなわち，(1.1)式において，3色分解された画像 $f_i(x,y)$ の逆数の対数から濃度の分布が得られる．濃度の測定では，後述するフィルター関数 $W_i(\lambda)$ の分光的特性がきわめて重要である．

また，分光反射率の測定と同様に測定器（濃度計）の幾何光学的な条件も重要である．測定条件により濃度は下記のような分類がなされている．

(a) 投影濃度（specular density），
(b) 拡散濃度（diffuse density），
(c) マクロ濃度（macro density），
(d) ミクロ濃度（micro density）．

画像は，色素，銀粒子などにより形成されている．したがって，画像に入射した透過光あるいは反射光はこれらの媒質により散乱される．それ故，透過光（反射光）のどの角度までを測定するかによって透過率（反射率）は異なる．また，照明側についても平行光照明か拡散光照明かにより画像内部での光散乱特性が異なり，透過率（反射率）が変化する．5～6.3度の透過光（反射光）を測定して求めた濃度を投影濃度（平行光濃度），85～90度の広い範囲の拡散光を測定して得られる濃度を拡散濃度という．平行光濃度 D_s と拡散光濃度 D_d の比 $Q = D_s/D_d$ をカリー係数（callier factor）という．光散乱の大きい画像，すなわち粒子サイズの大きな画像ほど Q は大きくなる．

4.3.2 マクロ濃度とミクロ濃度

　画像の比較的大きな面積を対象とした濃度をマクロ濃度，人間の目の分解能以下の小さな面積を対象にした濃度をミクロ濃度と呼ぶことがある．ISOの規格で規定されている通常の濃度測定の対象面積は直径 0.5 mm 以上である．したがって，これ以下の面積で測定される濃度がミクロ濃度と考えてもよい．画像の階調，コントラストやセンシトメトリーなどの特性は，通常マクロ濃度の測定値から求められる．一方，画像の鮮鋭さや粒状度など像構造の特性は，マイクロデンシトメーターを用いて測定されるミクロ濃度から算出される．スキャナーによる画像の走査では通常，数十 μm から 100 μm のアパーチュアが使用される．すなわち，画像処理で扱われる濃度はミクロ濃度である．したがって，画像解析，処理では画像を形成する画素の特性であるミクロ濃度とそれらの集合として現れるマクロ濃度の関係に注意が必要である．

4.3.3 ミクロ濃度の測定

　ミクロ濃度は画像の鮮鋭度や粒状度の測定に代表されるような像構造解析に用いられる．測定装置としては，走査型のマイクロデンシトメーター (microdensitometer, microphotometer) が用いられる．したがって，ミクロ濃度の測定ではマクロ濃度では問題にならなかった測定光学系のフォーカス，周波数応答性等が測定誤差の大きな要因となる．これらを整理して示すと，

① 対物レンズの開口数（NA），
② アパーチュアサイズ，
③ 測定装置の電気的ノイズ，
④ 焦点ずれと色収差，
⑤ サンプリング点数，
⑥ 濃度値の機差，
⑦ 傷，汚れ，ニュートンリング等，

となる．ミクロ濃度は第8章で述べる画像の物理的評価，解析の基本である *PSF*, *MTF*, RMS 粒状度などを求めるため使用されることから，その測

定と評価には細心の注意が必要である.

4.3.4 カラー濃度

光電変換素子の分光感度分布 $S(\lambda)$, 結像光学系の分光透過率 $L(\lambda)$, 照明光源の分光放射分布 $E(\lambda)$, 3色分解フィルターの分光透過率 $F_i(\lambda)$ とすれば (1.1)式のフィルター関数 $W_i(\lambda)$ は次式に対応する.

$$W_i(\lambda) = S(\lambda) L(\lambda) E(\lambda) F_i(\lambda) \qquad (i=r,g,b) \qquad (4.5)$$

画像の分光反射率(透過率)を $O(\lambda)$ とすれば, カラーの3色濃度 D_i は次のように定義できる.

$$D_i = -\log \frac{\int S(\lambda) L(\lambda) E(\lambda) F_i(\lambda) O(\lambda) d\lambda}{\int S(\lambda) L(\lambda) E(\lambda) F_i(\lambda) d\lambda} \qquad (i=r,g,b) \qquad (4.6)$$

カラー濃度はフィルター関数 $W_i(\lambda)$ をどのように設定するかによって次のように分類されている.

(a) ISO ステータス A, M, T 濃度,
(b) 視覚濃度 (luminous density or visual density),
(c) 焼付け濃度 (printing density),
(e) 単色濃度 (spectral density),
(f) 測色濃度 (colorimetric density).

ステータス A, M, T 濃度とは, ISO において写真濃度を測定するためにその分光積が規定されている濃度である. ステータス A 濃度は, 反射または投影して直接観測するリバーサルフィルム, 反射プリントを測定するための濃度で視覚系の分光感度に近い分光積を持つ. ステータス M 濃度は, ネガカラーフィルムの濃度を測定するための濃度で, 写真プリンターの分光特性および印画紙の分光感度を考慮し, 焼付け濃度を測定するために用いられる. また, ステータス T 濃度は, リバーサルフィルムに記録された画像を3色分解するために使用される.

視覚濃度は, 視感度 $V(\lambda)$ に対応する分光積に対応する濃度計で測定される濃度である. 単色濃度とは, ある特定波長で測定される濃度をいう. また, 測色濃度とは (4.5)式における $W_r(\lambda)$, $W_g(\lambda)$, $W_b(\lambda)$ を後述する等

色関数 $\bar{x}(\lambda)$, $\bar{y}(\lambda)$, $\bar{z}(\lambda)$ に等しくさせること，すなわち，

$$\left.\begin{array}{l} W_r(\lambda)=\bar{x}(\lambda) \\ W_g(\lambda)=\bar{y}(\lambda) \\ W_b(\lambda)=\bar{z}(\lambda) \end{array}\right\} \tag{4.7}$$

として求めた濃度である．

カラー濃度は，また画像を形成する色素の特性による分類として，

(a) 積分濃度 (integral density)，
(b) 解析濃度 (analytical density)，
(c) 等価中性濃度 (equivalent neutral density)，

のような分け方もできる．

(2.1)式で示したように写真フィルムの画像はシアン，マゼンタ，イエロー3色素濃度の合成として記録されたものである．色素単独での濃度を解析濃度，合成された濃度を積分濃度という．

等価中性濃度(END)は，例えばマゼンタ，イエロー色素に対して，シアン色素を加えたとき，その画像が中性灰色となった場合のそれぞれの色素の視覚濃度をいう．すなわち，c, m, y の END の比率が同一である場合にはそれらの合成によって得られる画像はグレイになるが，シアンの END の

表 4.1 濃度測定における幾何条件と分光条件

	幾何条件	分光条件
黒白透過濃度	・照明：0°～10° ・受光：85°～90°（オパールガラス使用，照明，受光の条件が逆も可） ・アパーチュア：ϕ0.5 mm 以上	・視覚濃度（ポジ感材用） ・焼付け濃度（ネガ感材用）
黒白反射濃度	・照明：45°±5° ・受光：0°～5°(照明，受光の条件が逆も可) ・下地濃度：1.5 以上	・視覚濃度（ポジ感材用）
カラー透過濃度	・照明：0°～10° ・受光：85°～90°（オパールガラス使用，照明，受光の条件が逆も可） ・アパーチュア：ϕ0.5 mm 以上	・視覚濃度（ポジ感材用） ・ステータスA（ポジ感材用） ・ステータスM（ネガ感材用） ・ステータスT（3色分解用）
カラー反射濃度	・照明：45°±5° ・受光：0°±5°(照明，受光の条件が逆も可) ・下地濃度：1.5 以上	・視覚濃度（ポジ感材用） ・ステータスA（ポジ感材用）

比率がマゼンタ，イエローより低い場合には，その画像はやや赤みを帯びた画像になる．

濃度測定における幾何条件と分光条件を表4.1にまとめて示す．ハードコピーについての濃度測定は，写真のように規定されていないが写真の反射画像測定に準じて測定すればよい．

第5章

表色

第4章では分光反射率の測定と濃度測定について述べた．色を表すためには，分光反射率を基礎としたCIE-XYZ, $L^*a^*b^*$, $L^*u^*v^*$表色系，色知覚に基づいたMunsell表色系，オストワルド表色，NCS表色系などの表色系が提案されている．ここではCIE表色系，Munsell表色系，NCS表色系について述べる．表色系については，多くの教科書で詳細に述べられているのでここでは，簡単な記述に止めることにする．

5.1　RGB 表色系

第1章でも述べたように色は波長400 nmから700 nmの電磁波が網膜上の錐体細胞を刺激し，それにによって生ずる大脳中枢の応答である．錐体にはR（赤），G（緑），B（青）の色光に感じるL, M, S錐体と呼ばれる3種の細胞がおよそ650万個存在するといわれる．任意の色（C）は，原刺激を(R), (G), (B)と表すとき，

$$(C) = R(R) + G(G) + B(B) \tag{5.1}$$

で表すことができる．ここでR, G, Bは原刺激(R), (G), (B)の量を表す数値すなわち三刺激値で，(C)として1/18.910 W・sr^{-1}・m^{-2}・nm^{-1}の等エネルギー白色光を用いたとき$R=G=B=1$となるように定義された値である．CIEでは，原刺激(R), (G), (B)として700 nm, 546.1 nm, 435.8 nmの単色光を定めた．このような原刺激を用いて，等エネルギー白色光と等色した場合のそれらの輝度 I_r, I_g, I_b の比は，

$$I_r : I_g : I_b = 1 : 4.5907 : 0.0601 \tag{5.2}$$

である．

したがって，ある色光のRGB三刺激値をR, G, Bとすればその輝度

L は，

$$L = R + 4.5907\,G + 0.0601\,B \tag{5.3}$$

となる．色を定量化することは，いろいろな色 (C) について R, G, B を決定することである．ある色光の三刺激値をどのように求めるか考えてみよう．混色に関するグラスマン（Grassmann）の法則によれば，どのような色光も単色光の集まりと考えることができる．したがって，単色光の三刺激値がわかればそれらを適当な量だけ足しあわせ，任意の色の三刺激値を求めることが可能となる．(C) として等エネルギー単色光を用いて，それぞれの波長で R, G, B 三刺激値を求めたものが等色関数（color matching function） $\bar{r}(\lambda)$, $\bar{g}(\lambda)$, $\bar{b}(\lambda)$ である．ある分光放射分布 $E(\lambda)$ をもつ光の三刺激値 R, G, B は，

$$\left.\begin{aligned}R &= \int_{400}^{700} E(\lambda)\bar{r}(\lambda)d\lambda \\ G &= \int_{400}^{700} E(\lambda)\bar{g}(\lambda)d\lambda \\ B &= \int_{400}^{700} E(\lambda)\bar{b}(\lambda)d\lambda\end{aligned}\right\} \tag{5.4}$$

で表される．三刺激値 R, G, B の3次元空間の軸を考えれば，色ベクトルの長さは明るさに関係する．いま，この空間軸の $(1,0,0)$, $(0,1,0)$, $(0,0,1)$ を通る単位面を考えれば，その座標 (r, g, b) は，

$$\left.\begin{aligned}r &= \frac{R}{R+G+B} \\ g &= \frac{G}{R+G+B} \\ b &= \frac{B}{R+G+B}\end{aligned}\right\} \tag{5.5}$$

と表すことができる．r, g, b を色度値（chromaticity）という．(5.5)式から明らかなように

$$r + g + b = 1 \tag{5.6}$$

したがって，通常は r と g で色度座標を表し直交座標で表示する．

5.2 *XYZ* 表色系

RGB 表色系は 5.1 節で述べたように実在の単色光を原刺激として定められたが，(1) 等色関数に負の値がある．(2) 輝度を表すための変換式が必要である．(3) 色度座標が g の方向に広がっており r が狭いなどの欠点がある．

そこで，*RGB* 表色系の欠点を除去し，表色計算に便利な仮想の三刺激値を *RGB* 表色系からの射影変換により作られたものが CIE-1931*XYZ* 表色系である．*RGB* 表色系では，輝度 L を (5.3)式のようにして表したが，(5.3)式において $L=0$ すなわち，

$$L = R + 4.5907G + 0.0601B = 0 \tag{5.7}$$

の面を考える．この面は輝度 0 であり無輝面という．この面は *RGB* 色空間の原点を通る平面となる．したがって，X, Z をこの面上に取れば X, Z は明るさを持たない．すなわち，L は Y と等しくなり，等色関数 $\bar{y}(\lambda)$ は標準比視感度 $V(\lambda)$ と等しくなる．

$$Y = L = R + 4.5907G + 0.0601B \tag{5.8}$$

RGB から *XYZ* への変換は次式で行うことができる．

$$\begin{bmatrix} X \\ Y \\ Z \end{bmatrix} = \begin{bmatrix} 2.7689 & 1.7518 & 1.1302 \\ 1.0000 & 4.5907 & 0.0601 \\ 0 & 0.0565 & 5.5943 \end{bmatrix} \begin{bmatrix} R \\ G \\ B \end{bmatrix} \tag{5.9}$$

(5.9)式はすべての色について成立する．したがって，*RGB* 表色系のスペクトル三刺激値である $\bar{r}(\lambda)$, $\bar{g}(\lambda)$, $\bar{b}(\lambda)$ を (5.9)式の *RGB* に代入すれば *XYZ* 表色系のスペクトル三刺激値，すなわち等色関数 $\bar{x}(\lambda)$, $\bar{y}(\lambda)$, $\bar{z}(\lambda)$ が求められる．(5.4)式と同様に分光放射率 $E(\lambda)$ の三刺激値 X, Y, Z は (5.10)式から計算できる．

$$\left. \begin{aligned} X &= K \int_{400}^{700} E(\lambda) \bar{x}(\lambda) d\lambda \\ Y &= K \int_{400}^{700} E(\lambda) \bar{y}(\lambda) d\lambda \\ Z &= K \int_{400}^{700} E(\lambda) \bar{z}(\lambda) d\lambda \end{aligned} \right\} \tag{5.10}$$

ここで K は定数で，光源色（発光物体）の場合には $K=683\,\mathrm{lm/W}$ である．一方，反射物体の場合にはその分光反射率を $O(\lambda)$ とすれば，視覚系に入射する光は $E(\lambda)O(\lambda)$ となる．このとき，$O(\lambda)=1$ となる完全拡散白色板（4.1節で説明した標準白色板）の Y 値が 100 となるように Y の値を正規化する．したがって K は，

$$K=\frac{100}{\int_{400}^{700}E(\lambda)\bar{y}(\lambda)d\lambda} \tag{5.11}$$

となり，三刺激値は，次式から求められる．

$$\left.\begin{aligned}X&=K\int_{400}^{700}E(\lambda)O(\lambda)\bar{x}(\lambda)d\lambda\\ Y&=K\int_{400}^{700}E(\lambda)O(\lambda)\bar{y}(\lambda)d\lambda\\ Z&=K\int_{400}^{700}E(\lambda)O(\lambda)\bar{z}(\lambda)d\lambda\end{aligned}\right\} \tag{5.12}$$

また，色度値 x, y, z は

$$\left.\begin{aligned}x&=\frac{X}{X+Y+Z}\\ y&=\frac{Y}{X+Y+Z}\\ z&=1-x-y\end{aligned}\right\} \tag{5.13}$$

として計算できる．x, y のスペクトル軌跡（AからZの曲線）と色度図を図5.1に示す．

(5.12)式から明らかなように色度値は，同一の分光反射率を持つ物体でもそれを照明する光源の分光放射率によって異なった値を示す．そこで，CIEでは照明の基準となる光源を規定している．代表的な標準光源（standard illuminant）である A，B，C，D_{65} 光源の分光放射分布（相対値）を図5.2に示す．

xy 色度図では，図5.1に示すように，照明光源（この例では D_{65} 光源）の色度点 $D(x_d, y_d)$ から物体の色度点 $O(x_o, y_o)$ を直線で結び，そのスペクトル軌跡との交点 H における波長を主波長（dominant wavelength）という．

5.2 *XYZ* 表色系

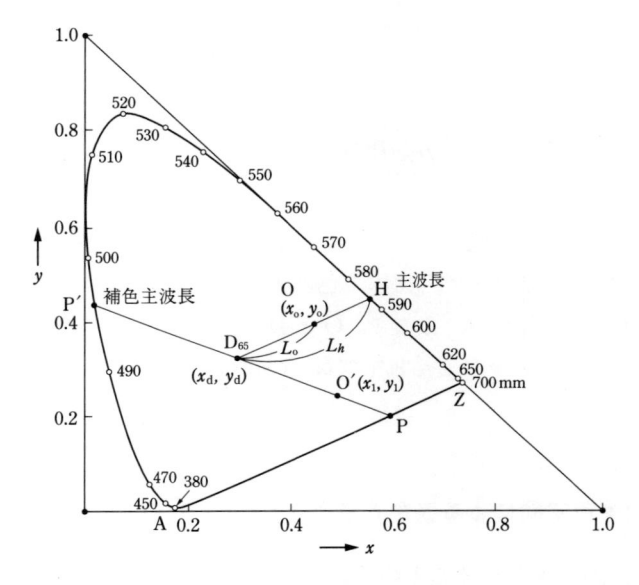

図 5.1 *xy* 色度座標

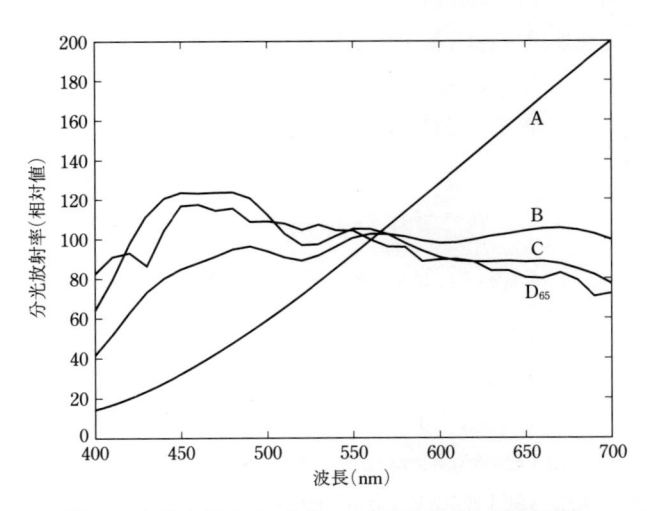

図 5.2 標準光源 A, B, C, D$_{65}$ の分光放射分布（相対値）

また，光源の色度座標から物体の色度座標までの距離 L_o と主波長の色度座標までの距離 L_h の比,

$$P = \frac{100 L_\text{o}}{L_\text{h}} \qquad (5.14)$$

を純度（purity）という．スペクトル軌跡では A から Z の直線上にはスペクトルがない．したがって，物体の色度値が図 5.1 に示される O′ の場合には主波長は求められない．そこで，O′ と D との純紫軌跡の交点 P を反対側に延長した交点 P′ の波長を補色主波長（complementary dominant wavelength）という．

5.3 均等色空間による表色と色差

2 つの色物体を見分けることのできる最小の色度差 ΔE の標準偏差を色度図に表したものを MacAdam の確率楕円という．xy 色度図においては，視覚の識別域と色度差は色によって大きく異なるため色度差と視覚による弁別域ができるだけ同一になるような UCS（uniform chromaticity scale）が考えられた．UCS 表色系の色度 u, v は x, y から次のように変換できる．

$$\begin{aligned} u &= \frac{4x}{-2x + 12y + 3} \\ v &= \frac{6y}{-2x + 12y + 3} \end{aligned} \qquad (5.15)$$

UCS 表色系は色度についての均等性を考慮しているものの，明度については考えていない．そこで，明るさの等歩度性も考慮した均等色空間（uniform lightness and chromaticness system, ULCS）が提案され広く使用されている．当初は 1963 年に Wyszecki が提案した CIE 1964 ($U^* V^* W^*$) が用いられていたが，現在は CIE 1976 ($L^* a^* b^*$)，CIE 1976 ($L^* u^* v^*$) が用いられている．

$L^* u^* v^*$ は次のように定義されている．

$$\left.\begin{aligned}&L^*=116\left(\frac{Y}{Y_\mathrm{n}}\right)^{1/3}-16, \frac{Y}{Y_\mathrm{n}}>0.008856\\&u^*=13L^*(u'-u'_\mathrm{n})\\&v^*=13L^*(v'-v'_\mathrm{n})\end{aligned}\right\} \quad (5.16)$$

ここで, u', v' は (5.17) 式で与えられる.

$$\left.\begin{aligned}&u'=\frac{4X}{X+15Y+3Z}\\&v'=\frac{9Y}{X+15Y+3Z}\end{aligned}\right\} \quad (5.17)$$

また, 照明光の色度値 u'_n, v'_n は

$$\left.\begin{aligned}&u'_\mathrm{n}=\frac{4X}{X_\mathrm{n}+15Y_\mathrm{n}+3Z_\mathrm{n}}\\&v'_\mathrm{n}=\frac{9Y}{X_\mathrm{n}+15Y_\mathrm{n}+3Z_\mathrm{n}}\end{aligned}\right\} \quad (5.18)$$

で与えられる. ここで X_n, Y_n, Z_n は照明光の三刺激値である. 一方, $L^*a^*b^*$ 表色系は,

$$\left.\begin{aligned}&L^*=116\left(\frac{Y}{Y_\mathrm{n}}\right)^{1/3}-16, \frac{Y}{Y}>0.008856\\&a^*=500\left\{\left(\frac{X}{X_\mathrm{n}}\right)^{1/3}-\left(\frac{Y}{Y_\mathrm{n}}\right)^{1/3}\right\}\\&b^*=200\left\{\left(\frac{Y}{Y_\mathrm{n}}\right)^{1/3}-\left(\frac{Z}{Z_\mathrm{n}}\right)^{1/3}\right\}\end{aligned}\right\} \quad (5.19)$$

で定義されている.

5.4 均等色空間での色差

2つの色の違いを数値で表すため均等色空間での色差 (color difference) が用いられる. 色差 ΔE^*_{ab}, ΔE^*_{uv} は, $L^*a^*b^*$ および $L^*u^*v^*$ における2色の色度値の差をそれぞれ $(\Delta a^*, \Delta b^*, \Delta L^*)$, $(\Delta u^*, \Delta v^*, \Delta L^*)$ と表すとき次のように計算できる.

$$\Delta E^*_{ab} = [(\Delta a^*)^2 + (\Delta b^*)^2 + (\Delta L^*)^2]^{1/2}$$
$$\Delta E^*_{uv} = [(\Delta u^*)^2 + (\Delta v^*)^2 + (\Delta L^*)^2]^{1/2} \tag{5.20}$$

また，$L^*a^*b^*$ および $L^*u^*v^*$ 表色素においてヒューアングル（色相角）(h_{ab}, h_{uv})，メトリッククロマ（彩度）(C^*_{ab}, C^*_{uv}) および色相差（ΔH^*_{ab}, ΔH^*_{uv}）についても次のように計算できる．

$L^*a^*b^*$ 色空間では，

$$h_{ab} = \arctan\left(\frac{a^*}{b^*}\right) \tag{5.21}$$

$$C^*_{ab} = [(a^*)^2 + (b^*)^2]^{1/2} \tag{5.22}$$

$$\Delta H^*_{ab} = [(\Delta E^*_{ab})^2 - (\Delta L^*)^2 - (\Delta C^*_{ab})^2]^{1/2} \tag{5.23}$$

ここで，ΔC^*_{ab} はクロマの差である．

一方，$L^*u^*v^*$ 色空間においても $L^*a^*b^*$ 色空間と同様に，

$$h_{uv} = \arctan\left(\frac{u^*}{v^*}\right) \tag{5.24}$$

$$C^*_{uv} = [(u^*)^2 + (v^*)^2]^{1/2} \tag{5.25}$$

$$\Delta H^*_{uv} = [(\Delta E^*_{uv})^2 - (\Delta L^*)^2 - (\Delta C^*_{uv})^2]^{1/2} \tag{5.26}$$

均等色空間では $L^*a^*b^*$ と $L^*u^*v^*$ のどちらを使用してもよいが，ハードコピーでは $L^*a^*b^*$ が，ディスプレイの評価では $L^*u^*v^*$ が使われることが多い．また，色差 5 が，色再現の目標とされることが多いが，より厳密な色管理が必要な分野では色差 1 以下が要求される．

5.5 マンセル表色系

マンセル（Munsell）表色系については多くの文献に紹介されているので簡単に述べる．マンセル表色系では，明度，彩度，色相を色立体として表している．

すなわち，縦軸は明度（value）をマンセル値 0（黒）から 10（白）として，横軸は彩度を示す．また色相（H, hue）は，R, YR, Y, GY, G, BG, B, PB, P, RP の 10 の主要色相に分割し，これらの間をさらに 10 個の色

相に細分して 5YR, 10Y のようにし, 円（色相環）として全色相を表す.
色相は, さらに細分化して 5.5R などと表すこともある.

　一方, 彩度 (chroma, saturation) は無彩色を 0 として, 彩度の度合いを感覚と対応するように番号を付けて表す. 色相と同様にそれぞれの間を細分化して小数点で表す場合もある. 明度は, 先に述べたように理想の白を 10, 黒を 0 として等間隔となるように 10 等分する. また必要に応じて細分化して N5, N6.5 のように表す. Munsell value V と三刺激値 Y は次の関係にある.

$$Y = 1.2219\,V - 0.23111\,V^2 + 0.23951\,V^3 - 0.21009\,V^4 + 0.0008404\,V^5 \quad (5.27)$$

以上からマンセル表色系では色を $H\,V/C$ で表す. 例えば, 彩度の高い赤は 5R 4/14 と表せる. また, 5BG 4/6 は赤の補色である青緑の鮮やかな色を示す.

5.6　NCS 表色系

NCS 表色系では Hering の反対色説に基づき 6 個の基本色 R, G, B, Y, W（白）, S（黒）の組み合わせによってすべての色を表記する. R, G, Y, B を有彩基本色と呼び, 図 5.3(a) に示すようにこれらの作る色空間を color solid という. 基本色以外の色は, 基本色に対する類似度の和で表され, 基本属性 r, g, b, y, s, w と小文字で表記し, それぞれは次のように 0〜100 の数字で表す.

(1) 任意の色は色み (r, g, b, y), 白み (w) と黒み (s) の 3 成分の和で表される. この和は常に 100 になる. すなわち, $r+g+b+y+w+s=100$. $(r+y+g+b)$ を色み (c) という. $w+s=0$ の場合を純色という. この関係は, 図 5.3(b) に示されるようなトライアングルで表される.

(2) 有彩基本属性 (r, y, b, g) の比で純色の色相 (ϕ) を表す. 反対色説では赤み (r) と緑み (g), 黄み (y) と青み (b) は同時には存在しないので最大 2 つの有彩基本属性で色相を表す. したがって純色の色相は $\phi_r = 100r/(r+y)$, $\phi_g = 100g/(g+b)$, $\phi_b = 100b/(b+r)$,

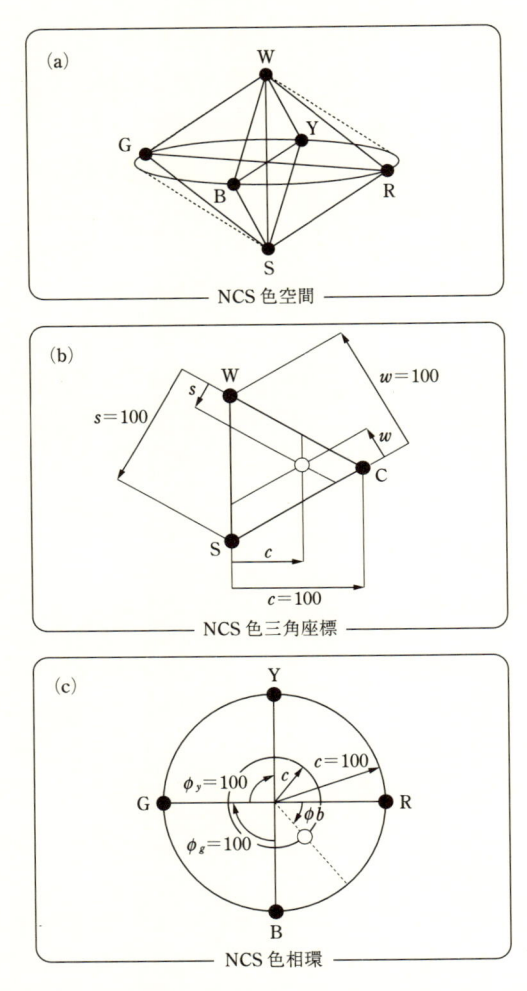

図 5.3 (a) NCS 表色系の色空間, (b) NCS 表色系三角座標, (c) NCS 表色系色相環

$\phi y = 100y/(y+g)$ と表される. NCS 表色系の色相環を図 5.3(c) に示す.

以上から NCS 表色系では, 以下のように表記を行う.

黒み, 色みの順に並べてハイフンの後色相を書く. 例えば色み 30%, 白み 50%, 黒みが 20% の色で, 赤み 70%, 黄み 30% に感じる色は, 2030-

5.6 NCS 表色系

Ex. 2030-Y70R

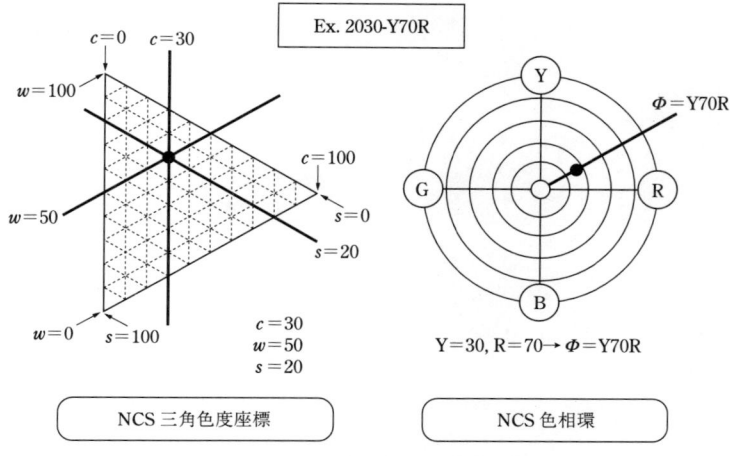

NCS 三角色度座標 — $c=0$, $c=30$, $w=100$, $c=100$, $w=50$, $s=0$, $s=20$, $w=0$, $s=100$, $c=30$, $w=50$, $s=20$

NCS 色相環 — $\Phi=Y70R$, Y=30, R=70 → $\Phi=Y70R$

図 5.4 NCS 表色系による色の表示

Y70R と表記される．図 5.4 はこの色を三角座標上に表示したものである．NCS では，またディジタル表記の規定がある．4 色 Y，B，R，G をそれぞれ 100，200，300，400 で表す．また ϕ_y，ϕ_r，ϕ_b，ϕ_g をそれに合計して 3 桁数字表記をする．例えば R20B は 320，Y95R は 195，B55G は 255 と表す．したがって，2030-Y70R の色は，2030-170 となる．

NCS 表色系では，無彩色色票について，白み（W）と視感反射率 Y の関係が次式で与えられている．

$$Y = \frac{56W}{1.56 - W} \tag{5.28}$$

第6章

視覚の特性

　画像は視覚系を通して観測され，大脳中枢で情報処理される．大脳中枢における画像情報の処理，認識，理解などの問題，さらに認知や感性の問題はきわめて複雑でありその詳細はほとんど明らかにされていない．それ故，画像の処理，解析，評価等に用いられる視覚の特性は，視覚の初期過程である周波数特性，視感度，色弁別，色順応などである．そこで本章では，画質評価に関わる視覚系の低次レベルの諸特性について説明する．

6.1　視覚系の構造

　視覚系は図 6.1 に示されるように水晶体，角膜などの視覚光学系と錐体，桿体細胞を持つ網膜および得られた光刺激を大脳に伝達する視神経により構成されている．すなわち，カメラのレンズに対応する水晶体，絞りに対応する虹彩，水晶体や虹彩を保護し角膜に養分を供給する前房室，虹彩や眼球運動を制御する毛様筋等の筋肉組織と CCD やフィルムに対応する感光性物質と視神経から構成されている．

　網膜面への光の集光と結像は，角膜と水晶体により行われる．角膜は光の集光を，水晶体は焦点調節を行う．すなわち，毛様筋の収縮により水晶体の厚みを変化させて焦点調節が行われる．この機能が，十分に作用しても網膜までの距離が焦点位置とずれている場合には像がぼける．例えば，遠視（物体の焦点面が網膜の外側になる状態）や近視（結像位置が網膜の手前の状態）となる．このため，遠視では凸レンズ，近視では凹レンズの眼鏡で焦点調節を行う必要がある．一方，老眼といわれるものは，水晶体の厚み調整機能が衰えた状態で老人に多く見られる現象である．

　網膜，すなわち光受容器は多くの細胞で形成されているが，とくに錐体

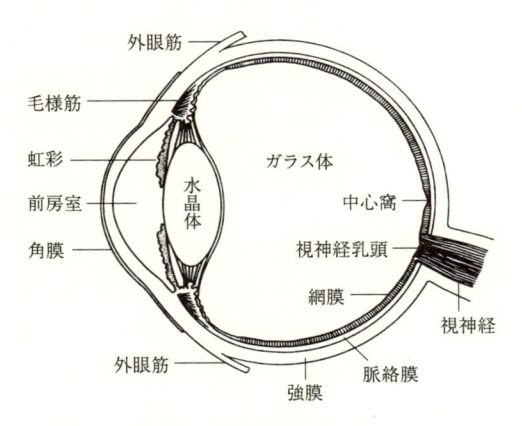

図 6.1 視覚系の構造

(cones) と桿体 (rods) が重要である．図 6.1 に示されている中心窩 (fovea) は，錐体の感度が最大の網膜部位であり，われわれが物体を凝視するとき結像する中心部（視軸）で，水晶体の光学的対称軸である光学軸と約 4 度傾いている．視神経乳頭は，光刺激を大脳に伝達する視神経の入り口である．この乳頭部分は視細胞がないため，光刺激を受けない，いわゆる盲点 (blind spot) と呼ばれる部位である．

網膜には，およそ 1 億個の桿体細胞と 650 万個の錐体細胞があるといわれている．錐体は L, M, S 錐体と呼ばれる 3 種の細胞で構成されておりそ

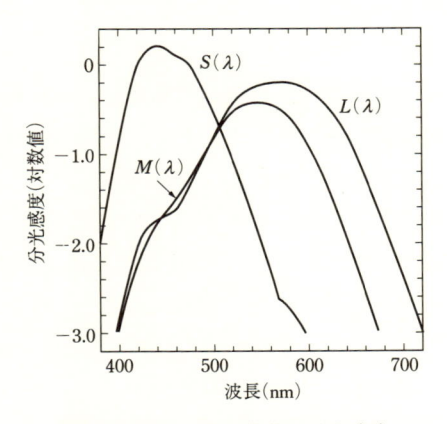

図 6.2 L, M, S 錐体の分光感度

れぞれが R, G, B の色光に感度を持つ．それらの分光感度を図 6.2 に示す．錐体の光エネルギー変換効率は桿体細胞に比較して低いため，高照度シーンに対して働く．一方，桿体細胞は光エネルギー変換効率が高いため低照度シーン，夜間の視環境下で働く．これらの細胞は網膜上に一様に分布しているのではなく図 6.3 に示されるように錐体細胞は中心窩近辺に，また桿体細胞は視軸から 20 度近辺に集中している．図から，盲点の存在も認識できる．この分布から中心視野に比べて周辺視野の視力が減衰することも理解できよう．

6.2 網膜の分光感度

視覚の分光特性の測定は多くの研究者により行われ，また錐体の L, M, S 細胞は，図 6.2 に示されるような分光感度を持つことが知られている．図から明らかなように L と M 細胞の分光感度は，大部分の波長で重複している．L, M, S 細胞で受光された R, G, B 光は図 6.4 に示されるようなプロセスで色を識別するといわれている．このプロセスは，反対色説，段階説と呼ばれている．すなわち，L, M 錐体からの刺激により R/G が出力される．ここで r に対しては S 錐体の刺激も関与する．また，L, M 錐体か

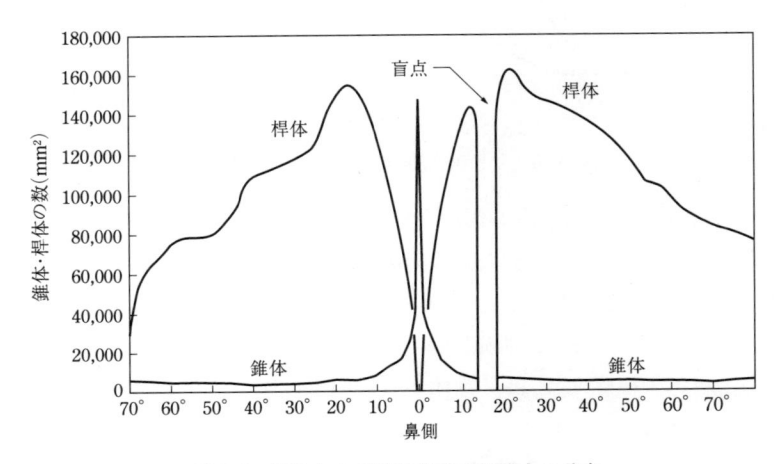

図 6.3 錐体および桿体細胞の網膜上の分布

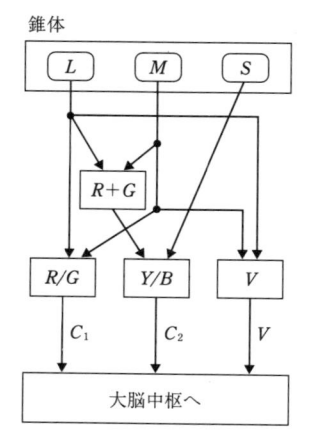

図 6.4　段階説に基づく色信号の処理プロセス

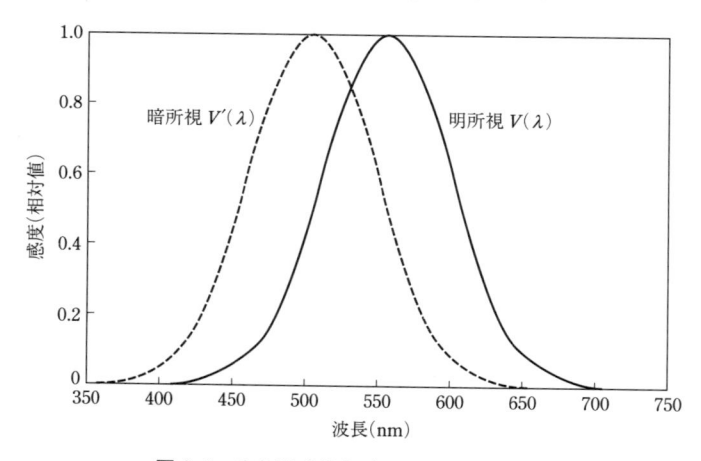

図 6.5　分光視感効率（明所視と暗所視）

らの光刺激により y 信号出力され S 錐体からの信号 b で Y/B が生成されそれぞれ C_1, C_2 なる出力が大脳へ伝送される．また，視感度 V（等色関数 $\bar{y}(\lambda)$ に対応）は L, M 錐体により決定される．視感度には S 錐体は関与しないといわれているが，明確にはされていない．

　一方，桿体の視感度 V' は，錐体からの視感度と独立に存在すると考えられている．V および V' の分光感度（分光視感効率：spectral luminous efficiency という）は，それぞれ明所視 (photopic luminous)，暗所視

(scotopic luminous) といわれる．図 6.5 にその分光特性を示す．また，夕暮れ時には明所視から暗所視への移行が生じる．すなわち，錐体細胞から桿体細胞が活性化するようになる．薄暮時の分光視感効率を薄明視（mesopic luminous）という．薄明視から暗所視への移行は数 cd/m² 以下の照度で生じる．

L，M，S 錐体の分光感度特性 $L(\lambda)$，$M(\lambda)$，$S(\lambda)$ と等色関数 $\bar{x}(\lambda)$，$\bar{y}(\lambda)$，$\bar{z}(\lambda)$ は (6.1)式 3×3 マトリクスによる線形変換の関係にある．

$$\begin{pmatrix} L(\lambda) \\ M(\lambda) \\ S(\lambda) \end{pmatrix} = \begin{pmatrix} 0.15514 & 0.54312 & -0.03286 \\ -0.15514 & 0.45684 & 0.03286 \\ 0 & 0 & 1 \end{pmatrix} \begin{bmatrix} \bar{x}(\lambda) \\ \bar{y}(\lambda) \\ \bar{z}(\lambda) \end{bmatrix} \quad (6.1)$$

6.3 視覚の空間周波数特性

画像解析評価における視覚系の特性の中で重要な問題は，コントラストに対する応答と視力である．前者は，例えば，JND の項でも説明したようにある光強度 I を背景として ΔI だけ強度を増やしたときに ΔI を弁別できる視力である．弁別閾値は後述するように背景の強度 I に依存する．

視力は，図 6.6 に示されるような直径 7.5 mm，切れ目の長さ 1.5 mm のランドルト環を 500 ルクスの照度で照明し，5 m の距離から観測したとき，環の切れ目が分解できる視力（空間分解能 1 分）を視力 1.0 として定義している．弁別閾値は，空間周波数により異なる．空間周波数とは，図 6.7 に示されるような幅 W mm の矩形パターンを考えた場合，その空間周波数 f（本/mm）は画像面では，

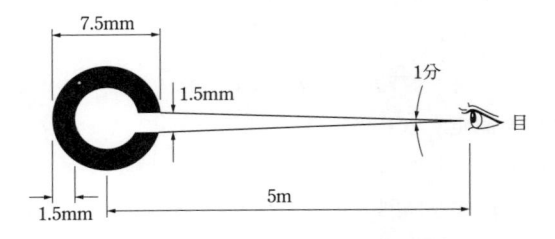

図 6.6 ランドルト環による視力の測定

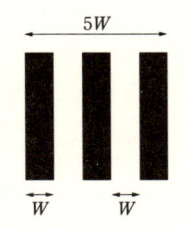

図6.7 空間周波数の定義

$$f = \frac{1}{2mW} \tag{6.2}$$

として定義される．ここで m は撮影倍率である．

入力する画像（被写体）の光量分布を $I(x,y)$ とし，視覚系の伝達特性を $h(x,y)$，視覚系を通して記録される画像の光量分布を $O(x,y)$ とする．視覚系は，非線形な特性を示すが，(1.2)式でも示したように簡単のため線形システムと考えれば，

$$g(x,y) = \int_{-\infty}^{\infty}\int_{-\infty}^{\infty} f(x-\alpha, y-\beta) h(\alpha,\beta) d\alpha d\beta \tag{6.3}$$

のコンボリューション積分として表すことができる．

ここで伝達関数 $h(x,y)$ は，視覚系システムによるぼけ関数と考えることができる．すなわち，図1.3に示されるたようにあるインパルスンパルスを入力したときの点広がり関数（PSF）である．(6.3)式をフーリエ変換すると，(1.3)式でも示したようにフーリエ変換のコンボリューション定理から，

$$G(u,v) = F(u,v) H(u,v) \tag{6.4}$$

$H(u,v)$ の絶対値を視覚系の $MTFv$ (modulation transfer function) という．

$$MTFv = |H(u,v)| \tag{6.5}$$

視覚系の MTF を測定するためには，

(1) 空間周波数の異なる正弦波パターンのコントラスト比を変えて提示し，その縞模様が識別できるかによって測定する手法．

(2) 基準パターンとテストパターンを用意しそのコントラストが同一と

なるように調整を行い各周波数でそのコントラスト比を求める手法.
 (3) 刺激としてステップ関数を入力し，その応答を網膜上で測定し，微分を行い線広がり関数 (line spread function, *LSF*) を求めそのフーリエ変換から計算するもの．

などが提案されている．いずれも，測定は簡単ではなく測定データも多くはない．また，視覚系の特性はきわめて非線形性が大きい．したがって，線形理論に基づいた *MTF* でその特性を十分に表すことはできないが，視覚系の *MTF* は画像評価でしばしば，使用されている．視覚系の *MTF* は，視覚光学系を通して生じる視細胞の応答を含めた特性であるが，空間周波数に対するコントラスト感度 (contrast sensitivity, CS) を *MTF* として用いることが多い．

コントラスト感度は，空間周波数とともに輝度，角度に大きく依存する．Carlson は，視野角を 17×11 度に固定し CRT モニター上で輝度を変えたときの CS: $MTFv(u)$ を測定した．Barten はそれらを以下のように数式化した．

$$MTFv(u) = au \exp(-bu)\sqrt{1 + c\exp(bu)} \quad (6.6)$$

$$\left. \begin{array}{l} a = \dfrac{540\left(\dfrac{1+0.7}{L}\right)^{-2}}{\left\{\dfrac{1+12}{w\left(\dfrac{1+u}{3}\right)^2}\right\}} \\ b = 0.3\left(\dfrac{1+100}{L}\right)^{0.15} \\ c = 0.06 \end{array} \right\} \quad (6.7)$$

(6.6), (6.7) 式における u, w, L はそれぞれ以下のような単位で表される．

 u : (cycles/degree),
 w : display size (degree),
 L : luminance (candela/m^2).

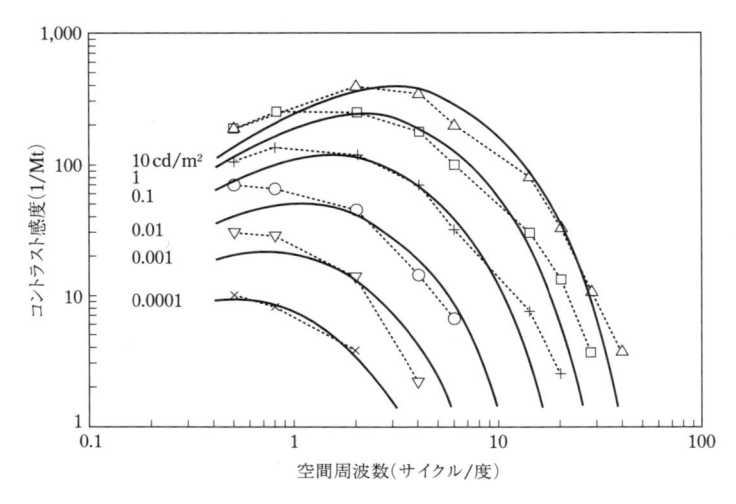

図 6.8 視覚系の管面輝度にともなう空間周波数特性（実線：近似式，点線：実測値）

画面輝度 0.0001 cd/m² から 10 cd/m² に対する周波数特性の実測値と (6.8) 式による近似を図 6.8 に示す．図において実線が近似式，点線が実測値である．画面輝度と共に MTF が低下していることがわかる．

6.4 色順応

1.6 節で説明したように写真フィルムでは，例えば光源の分光放射率が変化すると色再現はまったく異なったものになる．しかし，視覚系は明るさや色に対する恒常性を有するため照明光源の変化は色の見えに大きな変化は与えない．例えば，第 5 章の図 5.2 に示されるように太陽光（B 光源）と電灯光（A 光源）の分光放射率はまったく異なっている．すなわち，網膜に入る光の分光エネルギーは大きく異なるにもかかわらず 2 つの光源下で観測する紙は同様に白く見える．このような色の恒常性を保つ現象，すなわち視覚の色順応特性を解析し，その予測を行うことは画像の色再現を論じる上できわめて重要である．

色順応の予測には，図 6.9 に示されるような両眼隔壁等色法 (haproscopic color matching method) が使用される．すなわち，試験光により照

6.4 色順応

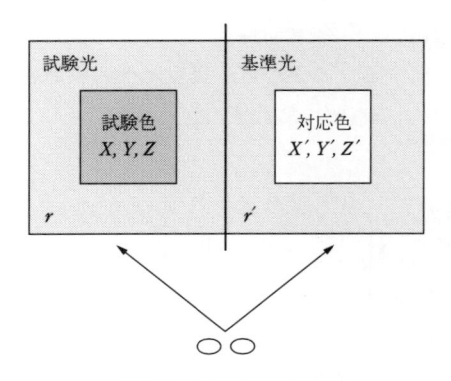

図6.9 両眼隔壁等色法

明されている三刺激値（XYZ）を持つ色票と基準光により照明されている対応する色票の三刺激値を左右の眼により観測し，両者が同一の見えになるように（$X'Y'Z'$）を調整する．このとき色票の背景のグレイの反射率 r, r' も色順応に影響を与える．このような実験を通して von Kries, Hunt, Nayatani, Fairchild などの色順応予測式が提案されている．筆者らもこれらの式に基づいた色再現モデルの構築やハードコピーの色再現への応用に関する基礎的検討を行っている．この問題については第11章で述べるが，本章では色順応予測式について説明する．

もっとも基本的な色順応のモデルは，完全順応モデルといわれる von Kries モデルである．このモデルでは，色順応の過程で L, M, S 錐体の分光感度分布の形状は変化がなく，その相対感度が照明光の三刺激値に反比例するとの仮定に基づいている．すなわち，視覚系への刺激の応答量が等しいとの仮定から順応後の三刺激値 $X_aY_aZ_a$ を順応前の三刺激値 $X_bY_bZ_b$ から予測することができる．三刺激値 XYZ と生理的三原色の三刺激値 RGB は (6.8) 式の関係がある．また，L, M, S 錐体の分光感度と XYZ は (6.1) 式の関係にある．RGB と LMS の分光感度も 3×3 線形変換で求められる．

$$\begin{bmatrix} R \\ G \\ B \end{bmatrix} = \begin{bmatrix} 0.4002 & -0.7076 & -0.0808 \\ -0.2263 & 1.1653 & 0.0457 \\ 0.0 & 0.0 & 0.9182 \end{bmatrix} \begin{bmatrix} X \\ Y \\ Z \end{bmatrix} \quad (6.8)$$

基準白色の三刺激値 $X_n Y_n Z_n$ も同様なマトリクスにより生理的三原色の三刺激値 $R_n G_n B_n$ に変換する．ここから，視覚系への刺激の応答量が等しいとの仮定により順応後の三刺激値 $R_a G_a B_a$ は，

$$\begin{bmatrix} R_a \\ G_a \\ B_a \end{bmatrix} = \begin{bmatrix} \dfrac{100}{R_n} & 0 & 0 \\ 0 & \dfrac{100}{G_n} & 0 \\ 0 & 0 & \dfrac{100}{B_n} \end{bmatrix} \begin{bmatrix} R_b \\ G_b \\ B_b \end{bmatrix} \qquad (6.9)$$

により求められる．$R_a G_a B_a$ は，(6.8)式の逆行列により順応後の三刺激値 $X_a Y_a Z_a$ に変換できる．

一方，Fairchild のモデルでは von Kries のモデルを基本として順応の不完全性を導入している．すなわち，白色点が D_{65} 光源からずれるほど，また輝度が低いほど完全な順応が生じにくくなることを考慮して (6.9)式の変換において係数 P_r, P_g, P_b を導入する．

$$\begin{bmatrix} R_a \\ G_a \\ B_a \end{bmatrix} = \begin{bmatrix} P_r & 0 & 0 \\ 0 & P_g & 0 \\ 0 & 0 & P_b \end{bmatrix} \begin{bmatrix} R_b \\ G_b \\ B_b \end{bmatrix} \qquad (6.10)$$

ここで P_r, P_g, P_b は次式から計算される値で Y_n は白色点の輝度である．

$$\begin{aligned} P_r &= \frac{1 + Y_n^{1/3} + R_e}{1 + Y_n^{1/3} + \dfrac{1}{R_e}} \\ P_g &= \frac{1 + Y_n^{1/3} + G_e}{1 + Y_n^{1/3} + \dfrac{1}{G_e}} \\ P_b &= \frac{1 + Y_n^{1/3} + B_e}{1 + Y_n^{1/3} + \dfrac{1}{B_e}} \end{aligned} \qquad (6.11)$$

(6.11)式の R_e, G_e, B_e は (6.12)式から計算される．

6.4 色順応

$$R_e = 3 \cdot \frac{R_n/102.7}{\frac{R_n}{102.7}+\frac{G_n}{98.47}+\frac{B_n}{91.82}}$$

$$G_e = 3 \cdot \frac{G_n/98.47}{\frac{R_n}{102.7}+\frac{G_n}{98.47}+\frac{B_n}{91.82}} \quad (6.12)$$

$$B_e = 3 \cdot \frac{B_n/91.82}{\frac{R_n}{102.7}+\frac{G_n}{98.47}+\frac{B_n}{91.82}}$$

一方,被写体の照度が高いほど知覚される彩度が向上するという性質,(Hunt 効果)を考慮した順応後の三刺激値 $R'_a G'_a B'_a$ を (6.13)式から予測できる.

$$\begin{pmatrix} R'_a \\ G'_a \\ B'_a \end{pmatrix} = \begin{pmatrix} 1 & c & c \\ c & 1 & c \\ c & c & 1 \end{pmatrix} \begin{pmatrix} R_a \\ G_a \\ B_a \end{pmatrix} \quad (6.13)$$

ここで c は(6.14)式から計算される値である.

$$c = 0.219 - 0.0784 \log(Y_n) \quad (6.14)$$

一方,$L^*a^*b^*$ による順応式は CIE-1976 $L^*a^*b^*$ 均等色空間に基づくもので順応後の三刺激値 $X_a Y_a Z_a$ を (6.15)式から予測している.

$$Y_a = \left(\frac{L^*+16}{116}\right)^3 \times Y_n$$

$$X_a = \left(\frac{a^*}{500}+\frac{L^*+16}{116}\right)^3 \times X_n \quad (6.15)$$

$$Z_a = \left(\frac{L^*+16}{116}-\frac{b^*}{200}\right)^3 \times Z_n$$

ここで $L^*a^*b^*$ は(5.18)式から定義される値である.また,$(X_n Y_n Z_n)$ は基準白色の三刺激値である.CRT モニターの順応を考えた場合,順応はモニターの白色点だけでなく,観測時の照明光にも依存するためその影響を考慮しなければならない.

この他,Stevens 効果 (照明光の照度変化にともない無彩色の明度対比が強調される現象),Helson-Judd 効果 (高い純度の照明光により無彩色の色知覚が生ずる現象) を考慮した CIE 予測式等が提案されている.このような順応を考慮した色再現は異なる視環境下で,また多様なデバイスの下での

色再現の手法として有効である．しかし，視覚の特性はきわめて複雑で色票による実験での予測式は，実際のパターンを含む画像の色順応には必ずしも適用できない．また，Bezold-Brücke 効果（明るさを変えると色相が変化する現象）などさまざまな現象を実際の画像の色再現へ応用するためには今後多くの研究が必要である．

6.5 眼球運動と注視点

6.5.1 眼球運動

　画像設計を考える上で画面中の主要被写体が何かを知ることが重要である．最近のカメラ，ビデオカメラ等には，視点を追跡しその被写体に焦点を合わせる機能を持つものが販売されている．筆者らも，画像の注視点を解析し注視領域についてはシャープネス，色再現，階調再現などを十分に考慮して画像再現を行いそれ以外の領域では画像の圧縮などを行う手法を提案している．注視情報の画質設計への具体的応用については，第 11 章で説明する．ここでは，眼球運動の測定と注視情報の抽出について述べる．

　眼球運動は固視微動，追随運動（smooth pursuit movement），跳躍運動（saccadic movement）に大別される．眼球は 1 点を固視している場合でも微動している．この現象を固視微動という．固視微動はフリック（flick）と呼ばれる 0.03～0.05 秒間隔で不規則に生じる視角 20 分程度のステップあるいはパルス状の運動，視角 15 秒程度の振幅角を持ち 30～100 Hz の周波数成分を有する微小振動トレモア（tremor），視角 5 分以下でフリックの間に存在する非常に低速な変動であるドリフト（drift）に分けられる．特殊な手法でこの固視微動を止めた状態（静止網膜像と呼ぶ）では，像は知覚されないことが知られている．

　一方，跳躍運動は最高速度が 300 度/秒にもなる高速な眼球運動で，視線を大きく変化させるときに生ずる．追随運動は運動する物体を目で追う場合などの滑らかな眼球運動でその速度は 30 度/秒程度である．この運動は，跳躍運動により中心窩にとらえた被写体をそのまま保持する役割と考えられている．

6.5.2 注視点の測定

眼球運動を測定するためには，テレビカメラを用いる手法，黒目と白目の反射光の差異を利用する角膜―強膜反射法などの装置が市販されている．ここでは，角膜―強膜反射法について説明する．

図 6.10(a)に示すようにフォトトランジスターと発光ダイオードを並べて，発光ダイオードからの赤外光の反射光が眼球運動により変化する信号を検出する．水平方向の眼球運動は，図 6.10(b)のように赤外光が均等に黒目を照射するようにし，眼球が運動すると，検出器により左右のフォトトランジスターの出力が変化するため，その差分から眼球の位置を検出する．一方，垂直方向については図 6.10(c)のように，フォトトランジスターの位置を水平方向よりやや下側に向けて眼球が上下に動くと反射光量の変化が受光できるように調整しその位置を検出する．このような方法で水平，垂直方向とも視軸から ±20 度の範囲で，立ち上がり 0.5 ms の眼球運動の追従が可能である．

実際に測定を行うためには，被験者はアイカメラ装着後，頭部を固定し視距離を決定する．また，図 6.11 に示されるように視線の位置と CRT に表示された点列が一致するように検出器の位置の微調整，ゲイン調整などのキャリブレーションを行う．キャリブレーション後，CRT 上に測定する画像を表示して眼球運動を測定できる．

眼球運動の測定から注視点を定義するためには，固視微動も考慮すること

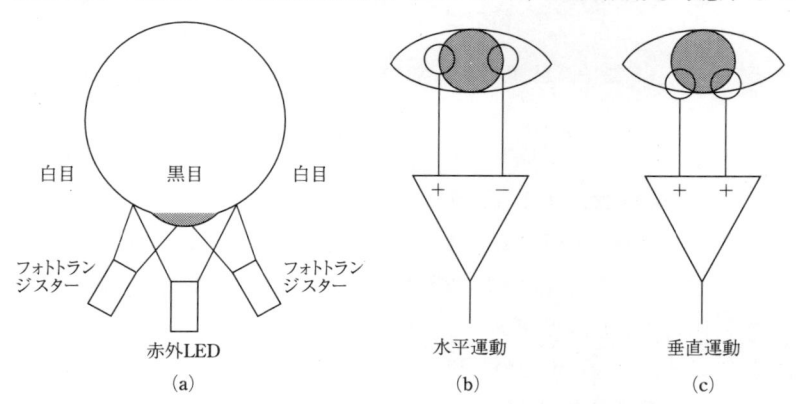

図 6.10 (a) 赤外 LED とフォトトランジスターによる眼球運動の測定法，(b) 左右，(c) 上下の運動測定

被験者の視線の位置

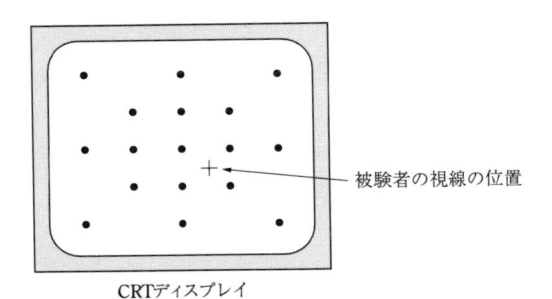

CRTディスプレイ

図 6.11 視線のキャリブレーション

次の注視点

$D = V \times T$

現在の注視点

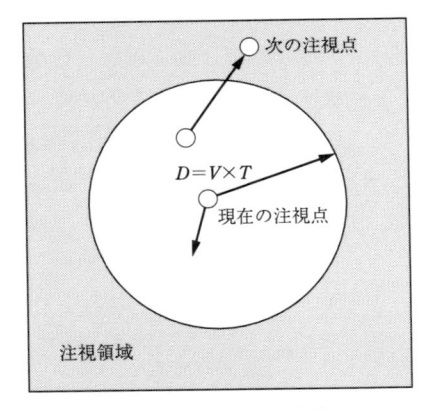

注視領域

図 6.12 注視点の定義

が必要である．そこで，注視点から別の注視点に速度 V で移動する距離 D を，

$$D = V \times T \tag{6.16}$$

と定義し，図 6.12 に示すように D を半径とする円内に次のサンプリング点がある場合には現在の注視点とし，その外側にある場合には別の注視点とする．静止画では，固視微動と跳躍運動のみが生じると考えると $V = 20$ 度/秒とする．ここで T はサンプリング時間である．

図 6.13 は SCID woman の注視点測定例である（測定画像は図 11.4 (a) を参照）．ここでは，注視頻度のもっとも高い部分を 1 として正規化し，濃淡分布として注視点を表している．また，画面中どの領域を注視しているかを

(a)

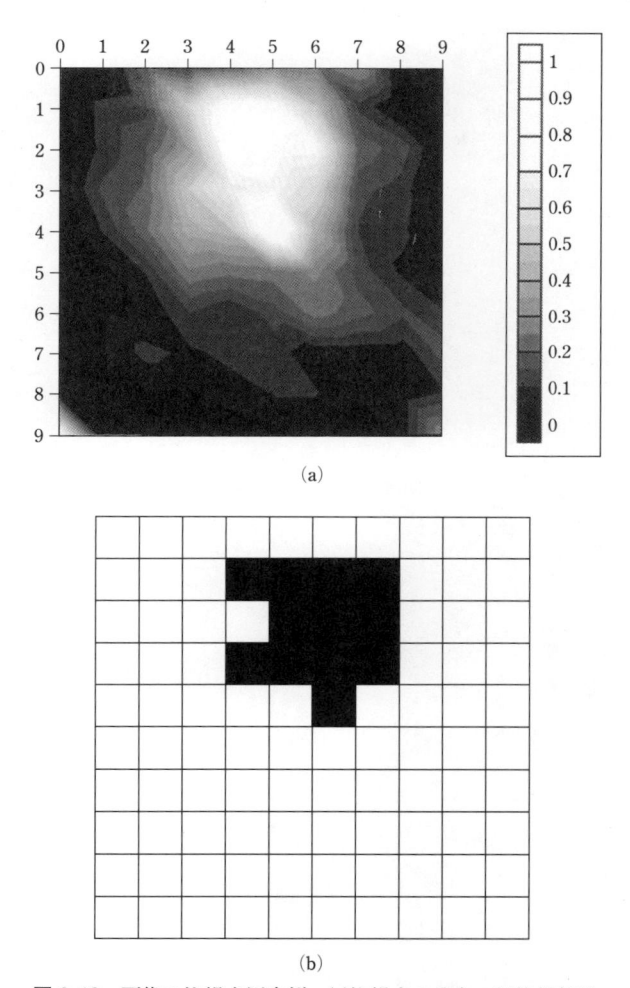

(b)

図 6.13 画像の注視点測定例．(a)注視点の分布，(b)注視領域

知るために，図(b)に示すように画面を 10×10 の領域に分割し，その小領域内の注視点の数を計測することにより注視領域を同定できる．woman では顔領域が注視されているのがわかる．

第7章

画像の主観評価

　図1.2で示したように画像システムは，対象となる物体の光電変換と記録，処理，伝送，表示システムで形成される．表示された画像は，最終的には視覚系を通して観測される．すなわち，画像システムの評価は，物理的な評価と人間による主観的な評価に大別できる．主観的な評価は，視覚系を通して入力された情報を大脳中枢により情報処理して行われる．

　主観的な評価では対象とされる画像により異なるが例えば階調再現，鮮鋭性，粒状性，色再現について表7.1のような評価用語がしばしば使用される．このような評価は，個人によって意味する内容が異なりその数値化は一般にはきわめて困難である．主観評価の難しさはこの点にある．

　主観評価では，観測者の情報処理に関わる比較的低次のレベルからきわめて高次のレベルまでの要因が影響する．例えば，医用画像の評価，診断は，高度な専門知識を有する医師のみが行える．長谷川の分類によると画質評価における主観的要因は知覚的要因（明るさ，ちらつき，強調，順応，対比，視力，色覚，運動視，視空間知覚，眼球運動特性），認知的要因（可読性，パターン認識，恒常性，特徴抽出，記憶色，追跡運動）と感性的要因（質感，好ましさ，目立ち，快適さ，臨場感，拡がり感，立体感，興味）などに分けることができる．主観評価を厳密に考えれば，このような心理的要因を多変量解析するなどが必要となる．本章では，一般的なハードコピーの評価に関わる尺度化，観測条件についてのみ述べる．

7.1　ハードコピーの観測条件

　画像の見えは光源の分光放射率，輝度，背景色，画像面照度など多くの因子に依存する．例えば，光源の分光特性は色順応，照度は明順応，暗順応に，

視距離は空間周波数特性に関係する．そこで，写真およびその複製物については ISO 3664-1876 の Photography に観測条件が規定されている．そこでは，光源は演色数 90 以上の D_{50} 光源を用い，反射画像では観測時の照度 2000 ± 600 lux，透明陽画（transparency film）では，輝度 1270 ± 320 cd/m² と規定されている．視距離についての明確な規定はないが，観測時の遠近感が撮影時と一致するような条件がよい．すなわち，観測距離 L は，写真の引き伸ばし倍率を α，レンズの焦点距離 f，レンズの結像倍率 β とすれば (7.1) 式で表される．

$$L = \alpha f (\beta + 1) \qquad (7.1)$$

$\beta \ll 1$ であるので，観測距離 $L = \alpha f$ となる．例えば，35 mm フィルム（ライカ判）の標準レンズは 50 mm である．（標準レンズの焦点距離は，画面対角線の長さである．35 mm では対角線は 43 mm であるが通常 50 mm を標準レンズとしている．）したがって，明視の距離 250 mm で観測する場合には，5 倍の倍率で引き伸ばした画像，すなわち約 17 cm×12 cm の画像が標準サイズということになる．明視の距離では視覚系の最大の MTF は空間周波数 1 本/mm，最大の周波数は 5 本/mm であるから 35 mm フィルムでの許容ぼやけ直径は 0.04 mm ということになる．古くからレンズ系の許容ぼやけ直径は $f/1500$ が用いられている．6×6 判カメラの標準レンズは $f=80$ mm，4×5 インチでは $f=160$ mm である．したがって，許容ぼやけ直径は 6×6 判で 0.053 mm，4×5 で 0.106 mm となる．写真では，撮像面積を大きくすることは容易で，それだけ許容されるぼやけが大きくなる．一方，ディジタルカメラで撮影し，ディジタルプリンターに出力する画像もこのような基準から観測距離が定まるが，ディジタルカメラでは撮像面積を増やす，すなわちピクセル数を増大することは容易ではなく，大きな倍率で観賞する画像では写真による画質設計がはるかに容易である．

このように，ハードコピーにおいては大きな画像では，遠距離，小さな画像では明視の距離で観測すればよいが，大きな画像でも近距離で観測し画質を論じられるのがハードコピー画質設計の難しさの一面である．

テレビでは，画面の走査線が NTSC では 525 本（有効走査線は 490 本）と一定である．CRT が大きくても小さくてもこの値は変化がない．そこで，

走査線の見えない距離として画面の縦の長さ H の6〜7倍を標準観測距離としている．HDTV では，走査線数は NTSC の約2倍，1125本であるが臨場感を得るため観賞距離は $3.3H$ が推奨されている．

7.2 主観評価値

表7.1で示されるような画像の評価用語は，視覚系を通した大脳中枢における高度な情報処理の結果として生じる．これらは数値として表すことは困難である．それ故，通常は表7.2，表7.3，表7.4のような用語を用いて評価を行いそれぞれに対して得点を与え，統計処理を行って主観評価値を計算する．評価には熟練した観測者による評価が重要である．また，画質はその画像を用いる目的に応じて評価することが必要である．

一般的な画像評価では，対象とする画像を単一評価する場合と，2枚あるいは複数枚同時に比較評価する場合がある．単一評価で良さ，好みを問う場合には表7.2(a)のように系列範疇法といわれる5段階の尺度が一般的に用いられるが，表7.2(b)のような7段階評価を行う場合もある．

表7.1 画像の主観評価で用いられる用語の例

階　　　調	ねむい，ハイキー，ローキー，かたい，うすい，こい，やわらか，コントラストがある・ない，ソフト，ハード，とび
鮮　鋭　度	きれ，シャープ，鮮鋭，ぼやけ，ぶれ，冷たい，ぼけ味
ノ　イ　ズ	ちらつき，あらい，ざらつき，きたない
色　再　現	美しい，にごる，鮮やか，派手，光沢，渋み，深み，目だつ，豊か，汚い

表7.2 5段階評価に用いられる尺度と用語(a)，7段階の尺度(b)

(a)	良さ/好みの尺度 (quality scale)	(b)			
	5　非常によい (excellent)		3　非常に良い (much better)
	4　よ　　　い (good)		2　よ　　　い (better)
A	3　普　　通 (fair)		1　ややよい (slightly better)
	2　悪　　　い (poor)	C	0　同　　　じ (the same)
	1　非常に悪い (bad)		−1　やや悪い (slightly worse)
			−2　悪　　　い (worse)
			−3　非常に悪い (much worse)

表7.3 比較評価に用いられる尺度と用語

	5	全く差がない	(the same)
	4	わずかに差がある	(slightly different)
B	3	差がある	(different)
	2	かなり差がある	(definitely different)
	1	非常に差がある	(very different)

表7.4 ノイズを含む画像の評価用語

妨害の尺度（impairment scale）

（検地限）	5	（妨害が）わからない	(imperceptible)
（許容限）	4	（妨害が）わかるが気にならない	(perceptible, but not annoying)
（我慢限）	3	（妨害が）気になるが邪魔にならない	(slightly annoying)
	2	（妨害が）邪魔になる	(annoying)
	1	（妨害が）非常に邪魔になる	(very annoying)

比較評価では表7.3に示すような尺度に基づいた順位法，一対比較法，二者択一法などによる評価が行われる．また，ノイズを含む画像ではノイズの許容限界を表7.4に示す用語で評価する．このように評価された画像は因子分析，主成分分析などにより心理評価尺度が求められる．これらの詳細は統計，心理分析の文献を参照されたい．ここでは，広く使われている一対比較の尺度化について簡単に説明する．

7.3 一対比較の尺度化

比較評価の中で一対比較は，画像間の画質の差異を明確にできるほか，評価が二者択一で容易であるためにしばしば使用される．しかし，サンプル数が多数ある場合には，その組み合わせが膨大となる欠点もある．ここでは，二者択一で評価された評価値を間隔尺度として処理する具体的な手法について述べる．

2つの刺激 S_1 と S_2 の比較を行うことを考えよう．各刺激に対する弁別過程が平均 M_1, M_2, 標準偏差 σ_1, σ_2 の正規分布をしていると仮定する．よし悪しを判断することは，その時対応している弁別過程の差を求めることと等価である．すなわち，2つの正規分布の差である正規分布がその反応を決定する分布となる．差の正規分布は平均 $M=(M_1-M_2)$, 標準偏差

$\sigma = (\sigma_1^2 + \sigma_2^2 - 2r_{12}\sigma_1\sigma_2)^{1/2}$ を持つ．ここで r_{12} は分布間の相関係数である．したがって，$S_1 > S_2$ となる比率 p_i，$S_1 < S_2$ となる比率 q_i から σ を単位とした距離を求めればよい．

これらを一般化したものが Thurstone による比較判断の法則であり，一対比較の心理的距離を求めるため広く使用されている．すなわち，2点間の心理的尺度は次式から与えられる．

$$M_j - M_k = Z_{jk}(\sigma_j^2 + \sigma_k^2 - 2r_{jk}\sigma_j\sigma_k)^{1/2} \tag{7.2}$$

ここで，

M_j, M_k：刺激 S_j, S_k に特有な心理的平均値，

Z_{jk}：単位正規分布からの測度，

σ_j, σ_k：分布 P_j, P_k の標準偏差，

r_{jk}：分布 P_j と P_k の相関係数．

Thurstone は，比較判断の法則を適用するためのケース I～VI を考えているが，もっとも広く用いられているのはケース V で，$r_{jk}=0$, $\sigma_j = \sigma_k = \sigma$ と仮定した尺度化である．この場合心理的距離は，

$$M_j - M_k = Z_{jk}\sqrt{2}\sigma \tag{7.3}$$

$\sqrt{2}\sigma$ を単位とすれば距離は，

$$M_j - M_k = Z_{jk} \tag{7.4}$$

と表すことができる．上式において Z_{jk} は実測の比率を正規分布表から Z 変換して求めることができる．

簡単な例を示そう．いま A，B，C，D，E，F，G，H，I の計9枚の画像の画質を比較し，その得点の平均が表7.5のように表されたとする．縦が横よりもよいと判断された画質，すなわち $P_k > P_j$ と判断された比率である．同一の画像を比較した場合にはよい，悪いが同一の確率で現れると仮定すればその比率は0.5となるので対角線の値は0.5とする．

次に正規分布表を用いて表7.5の比率行列を Z スコアに変換した結果を表7.6に示す．各列について和，平均値を求める．次に平均値の最小値を0として正規化した値が求める距離となる．

この尺度化で注意すべき点は，極端な比率，すなわち $\sigma \geq 2.0$, $\sigma \leq -2.0$

表7.5 一対比較尺度化の例，比率行列

	A	B	C	D	E	F	G	H	I
A	.500	.818	.770	.811	.878	.892	.899	.892	.926
B	.182	.500	.601	.723	.743	.736	.811	.845	.858
C	.230	.399	.500	.561	.736	.676	.845	.797	.818
D	.189	.277	.439	.500	.561	.588	.676	.601	.730
E	.122	.257	.264	.439	.500	.493	.574	.709	.764
F	.108	.264	.324	.412	.507	.500	.628	.682	.628
G	.101	.189	.155	.324	.426	.372	.500	.527	.642
H	.108	.155	.203	.399	.291	.318	.473	.500	.628
I	.074	.142	.182	.270	.236	.372	.358	.372	.500
ΣP_{jk}	1.614	3.001	3.438	4.439	4.878	4.947	5.764	5.925	6.494

表7.6 表7.5の比率行列を正規分布表によりZ変換し，尺度化した例（尺度距離行列(Z)）

	A	B	C	D	E	F	G	H	I
A	.000	.908	.739	.882	1.165	1.237	1.276	1.237	1.447
B	$-$.908	.000	.256	.592	.653	.631	.882	1.015	1.071
C	$-$.739	$-$.256	.000	.154	.631	.456	1.015	.831	.908
D	$-$.882	$-$.592	$-$.154	.000	.154	.222	.456	.256	.613
E	$-$1.165	$-$.653	$-$.631	$-$.154	.000	.018	.187	.550	.719
F	$-$1.237	$-$.631	$-$.456	$-$.222	$-$.018	.000	.327	.473	.327
G	$-$1.276	$-$.882	$-$1.015	$-$.456	$-$.187	$-$.327	.000	.068	.364
H	$-$1.237	$-$1.015	$-$.831	$-$.256	$-$.550	$-$.473	$-$.068	.000	.327
I	$-$1.447	$-$1.071	$-$.908	$-$.613	$-$.719	$-$.327	$-$.364	$-$.327	.000
ΣZ_{jk}	$-$8.891	$-$4.192	$-$3.000	$-$.073	1.165	1.401	3.771	4.103	5.776
M_{jk}	$-$.988	$-$.465	$-$.333	$-$.008	.129	.156	.412	.456	.642
R_{jk}	.000	.523	.655	.980	1.117	1.144	1.400	1.444	1.630

の場合で，比率では0.977以上，0.023以下の場合である．すなわち，比率行列から得られるZスコアが発散しスコア行列に空欄を生じる．このような場合には，Zスコアが得られている隣接するデータ間で距離を求めてその平均を計算して心理距離R_{jk}とするのである．

7.4 ハードコピーの主観評価

ハードコピーは，現在，多種多様な機種が市販されその画質も大幅に向上している．ディジタルハードコピーの研究開発の目的の一つは，写真や印刷に対応する画質を実現することにある．ハードコピーを印刷のプルーフとし

7.4 ハードコピーの主観評価

表7.7 ハードコピーにおける8種の主観評価項目間の相関係数

	a	b	c	d	e	f	g	h
a：全体的な評価	1.00	0.96	0.89	0.77	0.85	0.80	0.69	0.55
b：階調性の評価		1.00	0.93	0.79	0.87	0.82	0.73	0.53
c：色再現性の評価			1.00	0.85	0.92	0.87	0.75	0.67
d：サムネール・カンプとしての評価				1.00	0.95	0.87	0.79	0.83
e：ロゴ・イラスト確認用としての評価					1.00	0.90	0.78	0.73
f：写植・版下校正としての評価						1.00	0.88	0.83
g：製版校正用としての評価							1.00	0.66
h：文字品質の評価								1.00

て使用する場合には，いくつかの画質レベルが考えられている．筆者らが，日本印刷産業連合会の事業として行った例を示そう．対象としたプリンターは，14社の15種のプリンター（インクジェット，銀塩プリンター，昇華型感熱プリンター，溶融転写方式のプリンター）で，出力された文字情報を含む2種類の画像を用いて次のような観点から画質評価を試みた．評価はデザイナー，印刷技術者など画像の専門家19名により5段階系列範疇法により行った．評価は以下の8項目である．

(1) トータル画質（total quality），
(2) 階調再現（tone reproduction），
(3) 色再現（color reproduction），
(4) サムネール・カンプとしての画質（thumbnail or sketch），
(5) ロゴ，イラスト確認（logotype or illustration），
(6) 写植，版下校正用（phototype setting），
(7) 製版校正用（reproduction proof），
(8) 文字品質（quality of character）．

以上，それぞれの観点からの主観評価値について，評価相互の相関係数を表7.7に示す．総合評価と色再現，階調再現とは高い相関がある．しかし，文字品質と階調，色再現との相関は低い．また，それぞれのプリンターに対する製版校正用としての評価値とサムネール確認用としての評価値の平均値

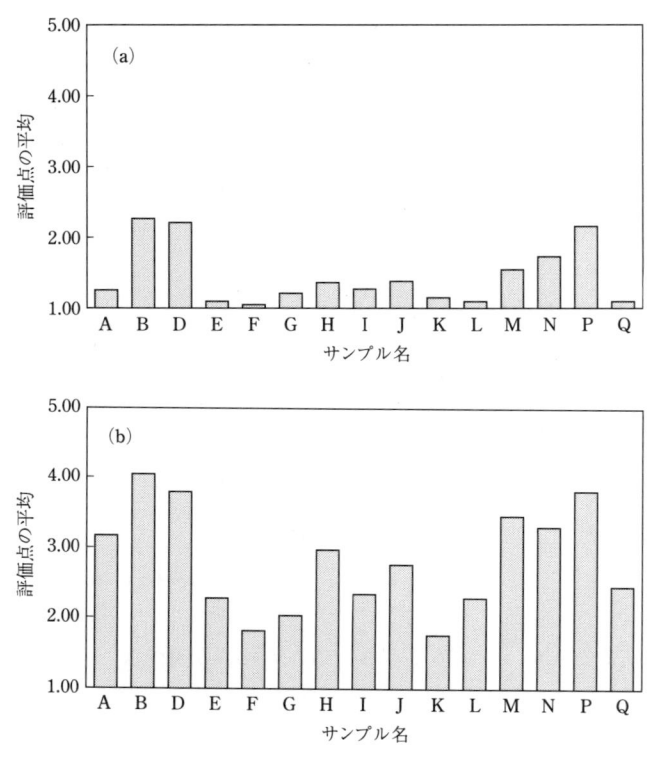

図 7.1 15種のプリンターによるハードコピーの画質評価
(a) 製版校正用としての画質評価, (b) サムネールとしての画質

を図 7.1(a), (b)に示す．この結果は当時（平成5年）のハードコピーはサムネール確認としては十分であっても，製版校正用としては不十分であったことを示している．このように，画質の主観的評価では何を評価するかをあらかじめ明確にしておくことが重要である．

第8章

画像の物理評価

　第1章においても説明したように画像は，x, y, z 3次元空間上に時間 t の変化として分布する物体の輝度，色分布（波長 λ）を2次元平面上に時間固定（静止画）あるいは時間変化（動画像）として記録されたものである．動画像は時間を固定すれば静止画像と考えることができる．したがって，物理的な画像解析では静止画を扱えば十分である．

　静止画の画像評価については，これまで写真画像に関して多くの研究がなされてきた．しかしながら，ディジタルハードコピーやCCDカメラによるディジタル画像の評価については十分な研究は行われていない．写真では光電変換，記録，表示が一体で行われるのに対し，ディジタル画像ではこれらを別々に扱わねばならないため，画質は一義的に決定できない．それ故，その扱いは複雑である．

　図1.2に示したように，被写体は光電変換，記録，信号処理，伝送され表示される．表示された画像を視覚を通して観測し知覚，認識，記憶との照合，情緒など人間のより高度な情報処理を通して評価が行われる．このとき観測者，すなわち受け手側の感情と送り手側の意図が一致すればこの画像システムは完全である．

　物理評価は，画像システムのそれぞれについて，以下に示すように画像入力，記録，処理，表示に関しては1～3のように行わねばならない．すなわち，

　1. 被写体からの画像入力

　カラーフィルムとCCDカメラの諸特性が対象となる．CCDカメラでは画像のサンプリング数，量子化レベル，感度，ダイナミックレンジ，色分解特性などが問題となる．

　2. 光電変換から記録

写真では現像，定着などに関わる問題．ディジタルカメラでは圧縮，補間，色変換等の画像処理に関係する問題．

3. 表　示

表示素子の特性，すなわち分解能，階調再現性，画面輝度，色再現特性，S/N，紙質などが評価，画像解析の対象になる．

主観的な評価では，第7章で説明したように観測条件，例えば，照明の照度，色温度，拡散性，観測距離のほか，観測者自身の視力また経験，記憶のようにより高次レベルの情報処理能力が影響する．このように評価された観測者の感情をどのように数値化し物理評価量と対応させるかが重要な問題である．なお，画像システムの物理的評価について，これまで行われてきた主な物理評価項目を以下に列挙してみよう．

(1) 入力に関わる評価

写真，CCDカメラに共通な事項としては，撮影光源の諸特性（分光放射率，色温度，照度，輝度等），DQE (detective quantum efficiency)，撮影レンズ系の諸特性（レンズ分解能，フレアなど），分光感度，有効露光域，図形歪．写真ではNEQ (noise-equivalent number of quanta), ISO speed, かぶり．CCDカメラでは，輝度信号S/N，色信号S/N，周波数特性，輝度信号ガンマ特性，輝度信号白クリップレベル，白圧縮率，輝度信号ダイナミックレンジ，シェーディング，白バランス，黒バランス，色トラッキング，色むら，偽信号，輝度モワレ，色モワレ，残像，サンプリング口径，サンプリング数，量子化レベル，色分解フィルターなど．

(2) 光電変換から記録に関わる評価

現像液，時間，現像効果（隣接効果，インターイメージ効果），画像形成材料の分光濃度分布（色素，インク，染料など），帯域圧縮，S/Nなど．

(3) 表示，ハードコピーの評価

階調再現曲線，濃度，ガンマ，スクリーン線数，ドットゲイン，*MTF*，解像力，アキュータンス，*CMT*アキュータンス，線広がり関数（*LSF*），点広がり関数（*PSF*），RMS粒状度，Wienerスペクトル，色度，色差，色再現域，情報容量，エントロピー，テキスチャーなど．

8.1 画像の物理評価パラメータ

画像評価は，上述したように画像形成に関わるすべての過程で行わねばならないが，最終的には得られた画像，すなわち，観測される画像の評価解析がもっとも重要である．画像評価は，古くて新しい問題であり，いまだ，主観評価と対応のよい物理評価量，単一尺度は見つかっていない．そこで，画像の物理評価は階調再現（tone reproduction），鮮鋭度（sharpness），粒状性，ノイズ（graininess, noise），色再現（color reproduction），幾何学的歪み（distortion）について個別に測定解析されることが多い．表 8.1 は，物理評価パラメータを階調再現，鮮鋭性，粒状性，色再現性，その他（幾何学的歪みなど）について整理したものである．以下，それぞれの評価パラメータについて説明する．

表 8.1 ハードコピーの画像評価に用いられる物理評価パラメータ

評価	評価パラメータ
階調性	濃度（平行光濃度，拡散光濃度，積分濃度，分析濃度，視感濃度，等価中性濃度，焼付け濃度，三色濃度など），調子再現曲線，特性曲線，フレア曲線，ガンマ，コントラスト，有効露光域，濃度ヒストグラム，ドットゲイン
鮮鋭度	解像力，アキュータンス，PSF，LSF，MTF，CTF，SQF，インフォメーションボリューム，ナイキスト周波数，帯域幅，走査線密度，スクリーン線数
粒状度	RMS 粒状度，Selwyn 粒状度，Callier 係数，ACF，Wiener スペクトル，モワレ，ドットゲイン，エリアジング，S/N
色再現	色度値（XYZ，xyz，uv，$U^*V^*W^*$，$L^*a^*b^*$，$L^*u^*v^*$など），マンセル値，カラー濃度（分光濃度分布，RGB 濃度など），色差，主波長，色再現域
歪	伸び，縮み，歪曲収差
総合	エントロピー，情報容量，情報スペクトル，ISO 感度，DQE，NEQ，量子効率，分光感度

8.2 階調再現と評価

8.2.1 調子再現曲線

被写体は，一般に非常に広い輝度分布を持っている．例えば，戸外のシーンでは非常に明るい雲で 13,000 cd/m²，青空では 5,000 cd/m²，日陰は 10 から 60 cd/m² 程度である．これらの輝度分布を 1 枚の画像中にどのように濃淡画像として再現するかが階調再現の問題である．被写体をレンズを通して写真フィルム（CCD）に結像するとき，フィルム面での照度分布 I については 1.5 節ですでに述べた．画像への露光量 E は I と露光時間 t の積 $E=It$ で与えられる．

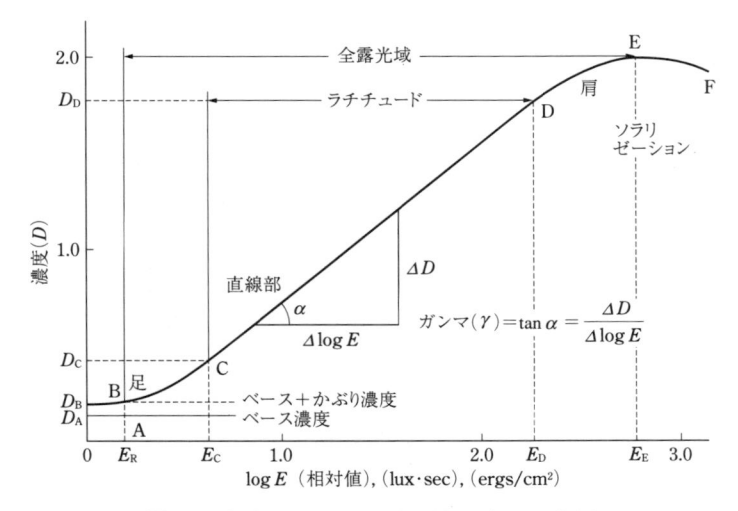

写真フィルムでは，露光量の対数 $\log E$ と出力濃度の関係は，図 8.1 のように表される．この関係を写真特性曲線あるいは H-D 曲線という．H-D 曲線は，$D=1$ と $\log 10 = 1$ の対数目盛の間隔を等しくするように表すことが決められている．特性曲線は，図に示されるように，D_A をベース濃度，D_B をかぶり濃度（fog density）という．かぶりはディジタルカメラの暗電流に対応するもので露光がなされない場合にもわずかな濃度を生じている．D_C から D_D の濃度は露光量とともに濃度が線形に変化する部分でこの傾き，

図 8.1 写真フィルムの入出力特性（H-D 曲線）

8.2 階調再現と評価

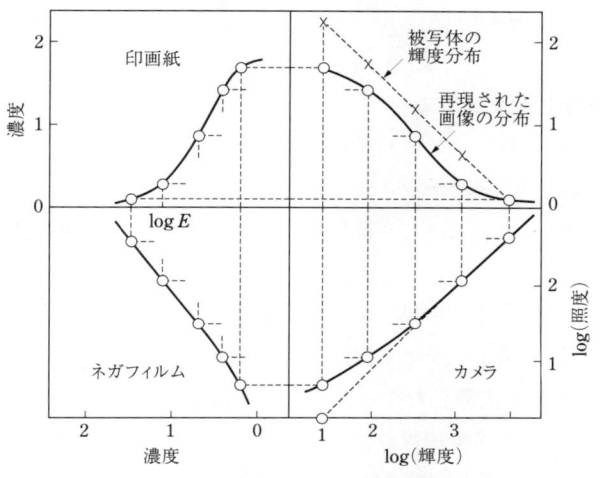

図8.2 画像の階調再現曲線

すなわち対応する露光量 $\log E_\mathrm{C}$, $\log E_\mathrm{D}$ との勾配 $\tan \theta = (D_\mathrm{D} - D_\mathrm{C})/(\log E_\mathrm{D} - \log E_\mathrm{C})$ を γ という．写真では，露光が過度になると濃度が減少する性質がある．これをソラリゼーション（solarization）という．

写真フィルムの $H\text{-}D$ 曲線を求めるには，色温度を規定した光源を持つ感光計で，フィルムに透過率の既知であるグレイのウエッジを密着露光し，規定された現像を行いその濃度を測定すればよい．通常の測定では，露光量の絶対値は不要のため相対値で表すことも多い．写真では，得られる画像の最大濃度はポジフィルムで3.0，ネガで2.5程度である．また印画紙では，最大反射濃度は2.0以下である．すなわち，かぶり濃度0.1から最大濃度2.0〜3.0の中に被写体の輝度分布をどのように記録するかが階調再現の問題である．

被写体の輝度分布を第1象限に表し，そのカメラ出力（フィルム面照度，第2象限）からネガフィルム（第3象限），印画紙（第4象限）それぞれにこの分布がどのように再現されるかを図8.2のように表したものを調子再現曲線という．印画紙上に表される画像の濃度（反射率）分布は，元の被写体の光量分布とは大きく異なっていることに注意されたい．CCDカメラによるディジタル画像についても，入力から最終のプリントまで同様な調子再現

曲線を求めることができる．

8.2.2 濃度ヒストグラム

調子再現特性を前節で述べた手法に基づき求めるためには被写体中に，グレイスケールなどの記録がなされていなければならない．しかし，通常の画像中にはこのような記録はなされていない．そこで，画像中の濃度分布から階調特性を知ることが重要になる．

濃度ヒストグラムは，横軸に濃度，縦軸にその頻度を表したものである．このとき，横軸は量子化を8ビットで行った場合には0から255の値である．この値は，4.3節で定義した濃度そのものではないことに注意されたい．それ故，濃度計，マイクロ濃度計でグレイスケールなどを測定して，量子化レベルと濃度との対応をつけておくことが重要である．

ヒストグラムからは，画像の平均濃度，分散などを求めることができる．濃度ヒストグラムを $H(i)$ $(i=0,\cdots,255)$ と表すとき次式から濃度累積密度分布（cumulative distribution function）$P(k)$ が得られる．

$$P(k) = \frac{\sum_{k=1}^{i} H(i)}{\sum_{i=1}^{255} H(i)} \qquad (i=1,\cdots,255) \tag{8.1}$$

$P(k)$ は図8.3に示されるように，縦軸は常に1と正規化されている．図のAの画像はBに比較して平均濃度が低く，濃淡の変化に乏しい画像であることがわかる．累積密度関数を媒介変数として，任意の濃淡分布をもつ画

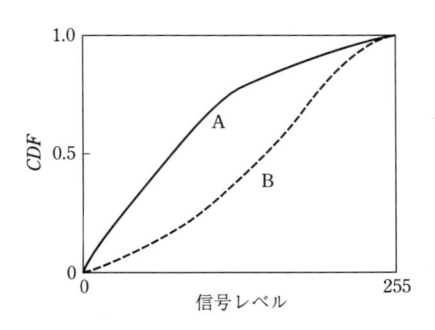

図8.3 画像の濃度累積密度分布

像に変換することも可能である．この手法はヒストグラム変換といわれ階調変換にしばしば使用される．ヒストグラムは，画像の位置情報を含まないため画像の内容に大きく依存する．そこで，画面をいくつかに分割してそれぞれの位置でのヒストグラム，平均濃度から画像の階調を推定することも行われている．このような手法は，ネガフィルムの焼付け時の露光制御において使用されている．

8.3 鮮鋭度の測定と評価

8.3.1 解像力と空間周波数

解像力とは図 6.7 と (6.2)式で説明したように幅 W mm を持つパターンが記録できる限界の値 R 本/mm をいう．解像力を求めるには図 8.4(a)に示されるように W が異なった組を持つ解像力チャートを画像に記録し，3 本の線が見分けられる限界を光学顕微鏡などで視覚的に判断すればよい．このとき，画面上のチャート上の幅 W は撮影倍率 m とすれば mW になることに注意されたい．解像力を測定するため，古くから多くのチャートが工夫されてきた．図 8.4(b)はレンズの解像力測定に用いるハウレット型チャートである．また，図 8.5 は異なる 3 種のサンプリング口径により標本化したジーメンススターチャートの出力結果である．このようにジーメンススターチャートは，画像の方向による解像力の差異を測定するのに便利である．

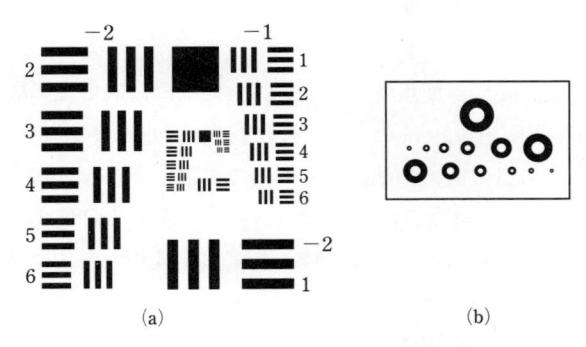

図 8.4 解像力チャートの例
(a)平行線チャート，(b)ハウレット型チャート

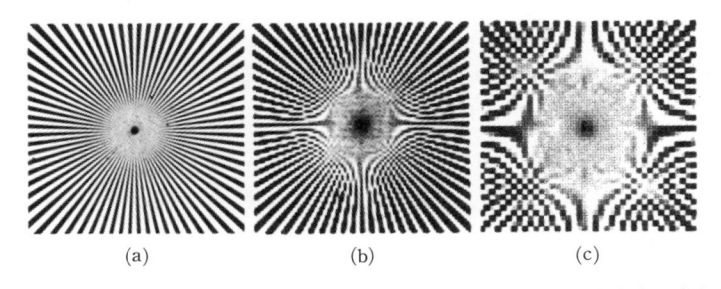

図 8.5　異なったアパーチュアによるジーメンススターチャート走査と出力
(a) $25 \times 25 \mu$m,　(b) $50 \times 50 \mu$m,　(c) $100 \times 100 \mu$m　アパーチュア使用

表 8.2　異なった画像メディア間の空間周波数の関係

	空間周波数 (本/mm)	線数 (線/inch)	走査線数 (本/画面)	cpd (サイクル/度)	vf
空間周波数 (本/mm)	1	25.4	$2H$	$\pi L/180$	$\pi L/5400$
線数 (線/inch)	1/25.4	1	$H/12.8$	$\pi L/4572$	$\pi L/137000$
走査線数 (本/画面)	$1/2H$	$12.8/H$	1	$\pi L/360H$	$\pi L/10800H$
cpd (サイクル/度)	$180/\pi L$	$4572/\pi L$	$360H/\pi L$	1	1/30
vf	$5400/\pi L$	$137000/\pi L$	$10800H/\pi L$	30	1

注) 但し, H はテレビジョンの画面の高さ, L は観測距離を表す.

　解像力を表す単位 (本/mm, lines/mm, cycles/mm) を空間周波数という. 空間周波数と同義の言葉としてテレビでは, 走査線数 (本/画面), 印刷では線数 (線/inch), ハードコピーではドット数 (dots/inch), 視覚系では cpd (cycles/degree) が使用される. これらの間には表 8.2 の関係がある. また, vf (visual frequency) は, 視力 1.0 (図 6.6 参照), すなわち, 1 cpd を $1vf$ とし, 周波数の基準にするものである. 多様な画像メディアが使用されているが, 視力を基準とする点で vf は意味ある尺度である. 解像力は, 古くから画像の鮮鋭度を表す尺度として広く使用されているが, 視覚系を通して感じる鮮鋭さとは必ずしも対応しないこと, 使用するチャートによって値が異なることに注意されたい.

8.3.2 *MTF* とその測定法

MTF は，画像システムの特性が線形で表される場合の画像評価でもっとも広く使用されている．すでに，第6章で視覚系の *MTF* について述べたが，ここでは画像システムの *MTF* についてその測定法，*MTF* を用いた画像評価について説明する．

6.3節で説明したように *MTF* は，インパルスレスポンスの周波数応答である．画像システムが等方的である場合には，1次元のインパルスレスポンス $h(x)$ の周波数応答 $H(u)$ を *MTF* としてもよい．すなわち，PSF $P(x, y)$ と LSF $h(x)$ は，画像システムが等方的であれば

$$h(x) = \int_{-\infty}^{+\infty} P(x,y) dy \qquad (8.2)$$

の関係にある．通常の画像システム評価では，ほとんどの場合は1次元で扱われる．しかし，視覚系，ディジタル画像システムでは等方性が成立しないため，2次元分布で扱うことが重要である．

MTF を求めるため，以下の3つの手法が用いられている．

(1) 定義にしたがってインパルスレスポンスのフーリエ変換を行う．画像の場合には，線像の広がりをマイクロ濃度計で測定し，その濃度分布を光量分布に変換してフーリエ変換を行う．
(2) ナイフエッジ（数学的にはステップ関数）の応答を求めその微分から *LSF* を計算し，そのフーリエ変換を行う．
(3) 周波数の異なる正弦波チャートの振幅変化から求める．

インパルスレスポンスのフーリエ変換から *MTF* を求める(1)の手法は，写真フィルムや光学レンズに用いられるが光学的に非常に狭いスリットを露光あるいはその結像面での広がりを計測しなければならないため，ノイズの影響を受けやすい欠点がある．

ナイフエッジを用いる(2)の手法は，強い光量が与えられて測定できる点優れているが，微分する場合にノイズの影響を受けやすい欠点がある．

あるインクジェットプリンターからインクジェット用のグロス紙，マット紙，非コート紙に出力した1ラインの濃度分布とナイフエッジ像の微分から求めた *LSF* を図8.6(a)，(b)に示す．また，そのフーリエ変換から求めた

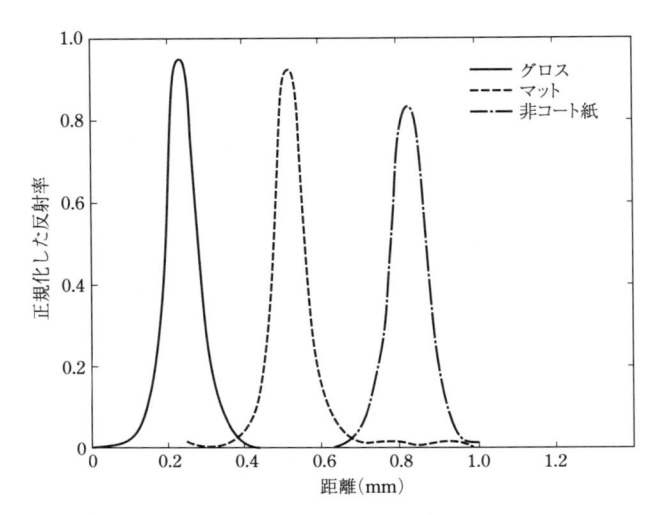

(a) 1 ラインの広がりから測定した LSF

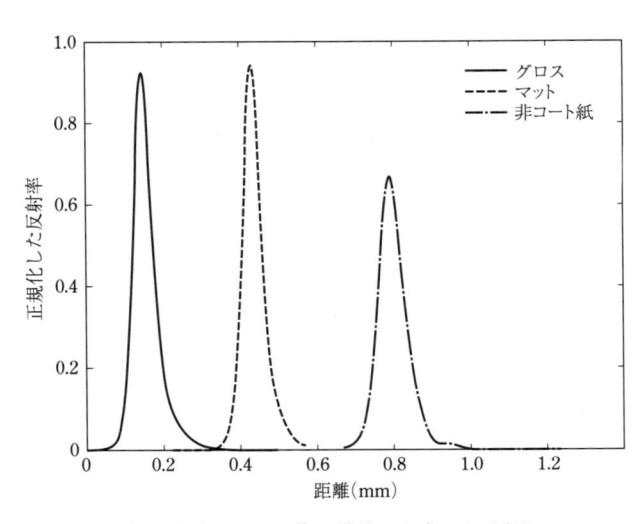

(b) ナイフエッジ像の微分から求めた LSF

図 8.6 (a)〜(d) 3 種の記録用紙（グロス，マット，非コート紙）に出力されたインクジェット画像の *LSF* と *MTF* 測定例

8.3 鮮鋭度の測定と評価

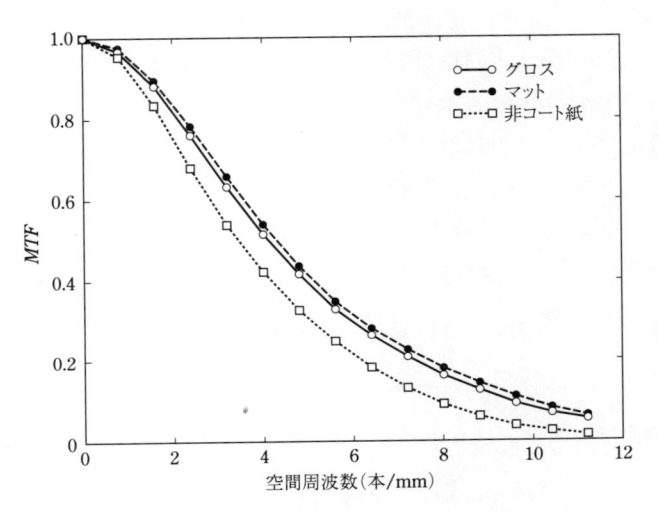

(c) (a)のフーリエ変換から計算した *MTF*

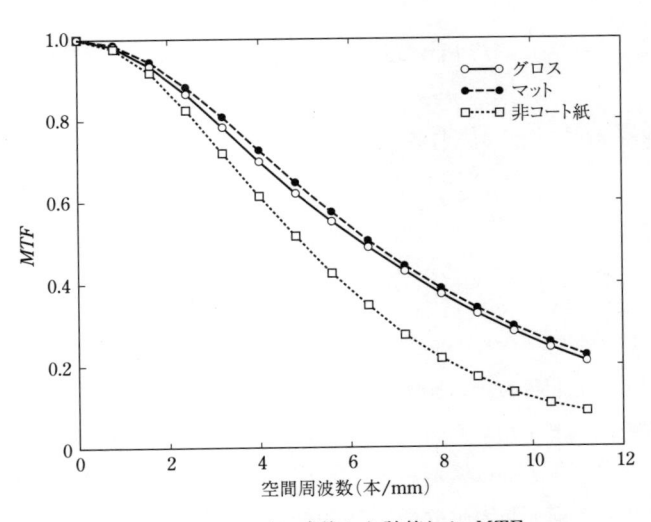

(d) (b)のフーリエ変換から計算した *MTF*

MTF を(c),(d)に示す．インクジェット画像の MTF 特性が 8.3.5 項で述べるように記録用紙の特性に大きく依存すること，また LSF の測定法にも依存することがわかる．なお，ここで示した LSF は，ラインおよびナイフエッジ像を $25\mu m \times 1000\mu m$ で走査して得られた濃度分布を，反射率の分布に変換して正規化したものである．一方，(3)の手法は，次のような原理に基づくものである．正弦波チャート（反射率または透過率が正弦波で表されるチャート）の分布 $I(x)$ は，

$$I(x) = I_0 \{1 + M(u)\sin 2\pi ux\} \tag{8.3}$$

で表される．ここで，u：空間周波数，$M(u)$ は u における振幅を表す．

$I(x)$ の画像システムからの出力を $I'(x)$ とすれば，

$$I'(x) = I_0\{1 + M'(u)\sin 2\pi ux\} \tag{8.4}$$

したがって，MTF $H(u)$ は次のように求められる．

$$MTF_u = |H(u)| = \frac{M'(u)}{M(u)} \tag{8.5}$$

ここで振幅 M および M' は，

$$\begin{aligned}M &= \frac{I_{max} - I_{min}}{I_{max} + I_{min}} \\ M' &= \frac{I'_{max} - I'_{min}}{I'_{max} + I'_{min}}\end{aligned} \tag{8.6}$$

として計算できる．すなわち，空間周波数の異なる正弦波チャートを用意し，画像システムで記録後その振幅変化から MTF を簡単に算出できる．

正弦波チャートを用いた写真フィルムの MTF 測定法について述べよう．チャートをフィルム面に密着露光，現像後に同時に撮影されているグレイスケールを用いて露光量と拡散濃度の関係を求める．また，拡散濃度と平行光濃度の変換曲線も求めておく．正弦波チャートのマイクロ濃度計による平行光濃度測定から D'_{max}，D'_{min} を求め，変換曲線を用いて拡散濃度への変換を行う．上記特性曲線から露光量へ変換し，E'_{max}，E'_{min} を求める．この値は

I'_{max}, I'_{min} に対応する.ここから (8.6) 式を用いて $M'(u)$ が得られる.

一方,原チャートについて

1. チャートのグレイスケール部分の拡散濃度および平行光濃度の測定,
2. 平行光濃度から拡散濃度への変換曲線の作成,
3. チャートの透過濃度 D_{max}, D_{min} 測定と変換曲線を用いた拡散濃度への変換,
4. 濃度を透過率に変換して E_{max}, E_{min}, すなわち I_{max}, I_{min} が得られ,(8.6) 式から M を求める.

各空間周波数について以上の計算を行い (8.5) 式により $M'(u)/M(u)$, すなわち,MTF が得られる.

8.3.3 MTF による画像の評価

MTF は,直感的には画像のコントラストが空間周波数とともにどのように減少するかを表す値である.MTF をどのように画像評価に用いるか考えてみよう.いま,画像システムが n 個の線形システムで構成されるとき,それぞれの画像システムの MTF を $MTF_i(u)$ $(i=1,2,\cdots,n)$ とすれば,総合的な $MTF_s(u)$ はそれらの積として次のように表せる.

$$MTF_s(u)=\prod_{i=1}^{n}MTF_i(u) \tag{8.7}$$

$MTF_s(u)$ を用いて次のような評価尺度がしばしば用いられている.

(1) $MTF_s(u)=0.5$ における u 本/mm の値,
(2) ある空間周波数 u_0 における MTF の値 $V=MTF(u_0)$,
(3) ある空間周波数内における MTF の積分値,

$$V=\int_{u_1}^{u_2}MTF_s(u)du \tag{8.8}$$

(4) 視覚の MTF_v と画像システムの MTF_s の積分値を基本とする評価値,

$$Q = \int_{u_1}^{u_2} MTF_{\mathrm{s}}(u) MTF_{\mathrm{v}}(u) du \tag{8.9}$$

$$SQF = \frac{\int_{u_1}^{u_2} MTF_{\mathrm{s}}(u) MTF_{\mathrm{v}}(u) du}{\int_{u_1}^{u_2} MTF_{\mathrm{v}}(u) du} \tag{8.10}$$

(5) *CMT* アキュータンス (*CMTA*).

(4)の尺度と基本的には同一であるが主観評価による実験値を加味して下記のように尺度化したもの

$$CMTA = 100 + 66 \log\left(\frac{A_{\mathrm{system}}}{A_{\mathrm{eye}}}\right)$$

$$A_{\mathrm{eye}} = \int_0^\infty MTF_{\mathrm{v}}(u) du \tag{8.11}$$

$$A_{\mathrm{system}} = \int_0^\infty \prod_{i=1}^n MTF_i(u) du$$

として *CMT* アキュータンスを定義.ここから計算される値が以下のような値に従って評価を行う.

　　CMTA > 92：Excellent

　　91〜86：Good

　　85〜80：Acceptable

　　CMTA < 80：Poor.

MTF を用いた画質の評価尺度はこのほかにも数多く提案されているが,いずれも,上述した評価値を基本とするものである.

8.3.4　*MTF* の方向依存性

これまで *MTF* による鮮鋭度評価では,画像システムが線形でまた等方的,シフトインバリアントであることを仮定して 1 次元の *MTF* により話を進めてきた.しかしながら,ディジタルプリンターや CCD カメラでは,方向により *MTF* が異なる.また,視覚系の *MTF* も視野のすべての方向において同一ではないことが知られている.

シフトインバリアントと線形性を仮定すれば,非等方性を持つ画像システ

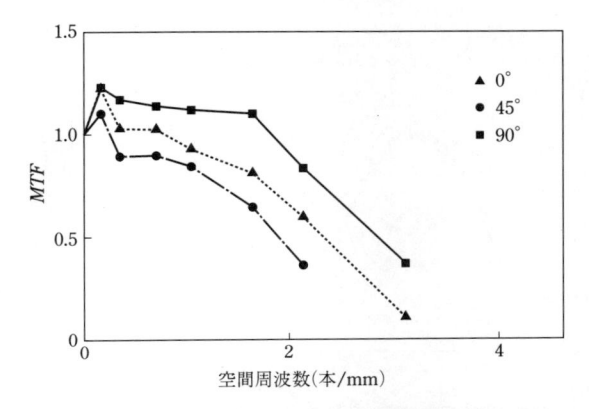

図 8.7 スキャナープリンター系の MTF の方向依存性

ムの評価には 2 次元の $MTF(u,v)$ を用いればよい．いま，PSF が幅 $a \times b$ の矩形であるとしよう．定義からそのフーリエ変換の絶対値を MTF と考えれば，

$$MTF(u,v) = \left| \int_{-a/2}^{a/2} \int_{-b/2}^{b/2} \exp\{-2\pi(ux+vy)\} dxdy \right| \\ = \left| \frac{\sin 2\pi au}{2\pi au} \cdot \frac{\sin 2\pi bv}{2\pi bv} \right| \quad (8.12)$$

MTF が 0 になる空間周波数は，水平方向では $u=1/2\,a$，また垂直方向では $v=1/2\,b$，45 度方向では $1/2\sqrt{a^2+b^2}$ となる．

2 次元の PSF を測定することは容易ではないが，方向性を持つ画像の評価には重要である．図 8.7 は，あるスキャナープリンター系の方向による MTF の差異を示す．この測定では，フィルムに記録された正弦波チャートを 0 度，45 度，90 度方向に傾けて読みとり，その出力を (8.5)，(8.6) 式に従って計算して MTF を求めたものである．45 度方向の MTF が 0 度，90 度方向に比較して低いことがわかる．

8.3.5 記録用紙の MTF 測定

ハードコピーの画質は，記録用紙の特性に大きく依存する．すなわち，紙の特性は光学的ドットゲインやメカニカルドットゲインと密接に関係するか

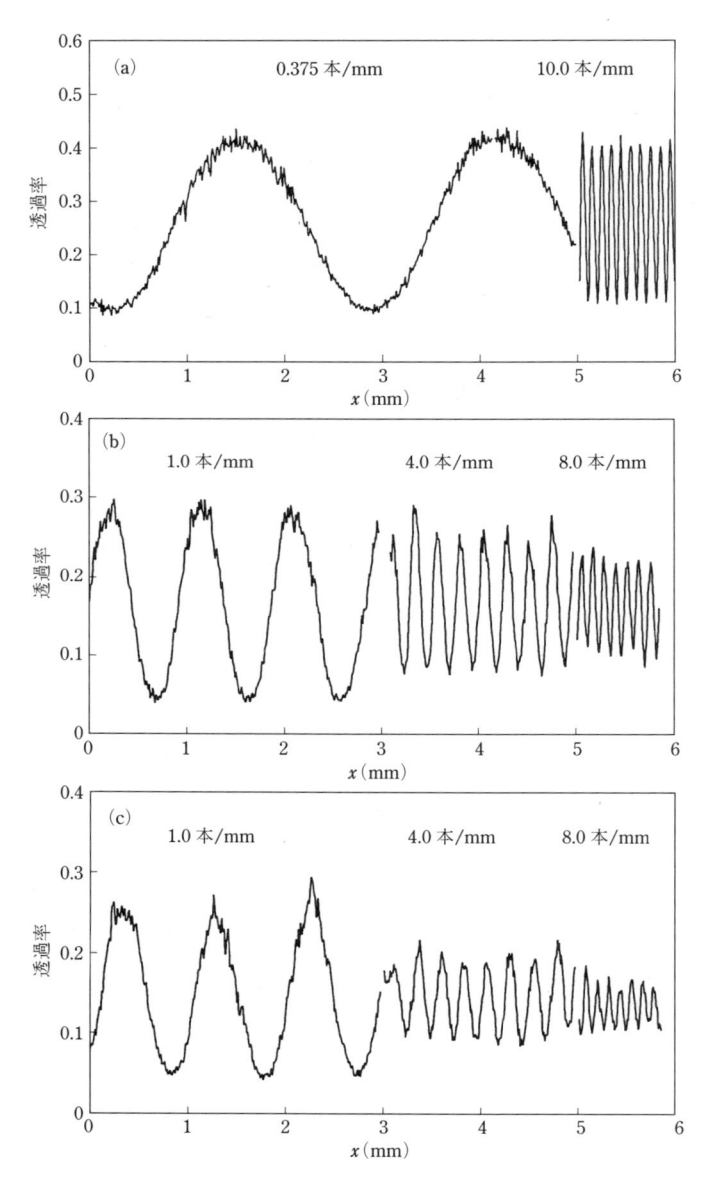

図 8.8 正弦波チャートの記録用紙への投影による振幅変化
(a)元の正弦波チャートの振幅, (b)コート紙, (c)非コート紙

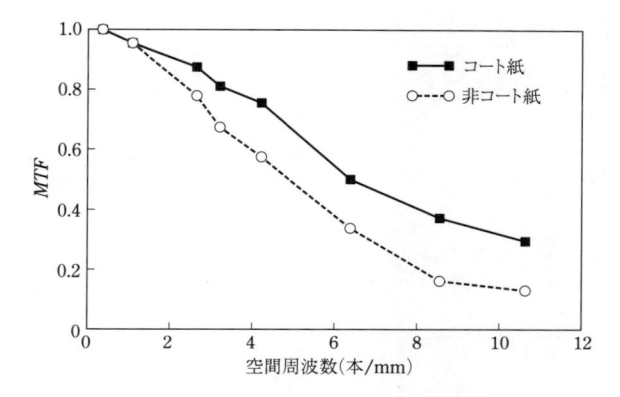

図 8.9 コート紙，非コート紙の MTF

らである．そこで，記録用紙の MTF を測定した例について説明する．

(8.5)式で示したように MTF は正弦波チャートの各空間周波数の振幅の変化として求められる．そこで，正弦波チャートを測定対象である紙の上に投影し，その振幅変化をマイクロデンシトメーターで測定する．マイクロデンシトメーターでは正弦波チャートの振幅は濃度 D_r として測定される．したがって，測定値は，

$$R_r = 10^{-D_r} \tag{8.13}$$

として反射率 R_r に変換する．R_r は正弦波チャートの振幅に対応する．図8.8は元の正弦波チャートの透過率分布(a)およびコート紙(b)，非コート紙(c)へ投影した正弦波チャートの反射率分布である．定義に従って求めたコート紙と非コート紙の MTF を図8.9に示す．コート紙と非コート紙の MTF の差が明白である．測定された紙の MTF を数式で近似することを考えよう．井上らは MTF の数式モデルとして以下の3個のモデルについて，

$$MTF_1(u) = \frac{1}{[1+(2\pi du)^2]^{3/2}} \tag{8.14}$$

$$MTF_2(u) = \exp(-2\pi k_2 |u|) \tag{8.15}$$

$$MTF_3(u) = \exp[-(2\pi k_3 |u|)^2] \tag{8.16}$$

実験結果を代入しその精度を調べた結果 (8.14)式が紙の MTF を表すためのモデル式として最適であることがわかった．図8.10 はモデル式による

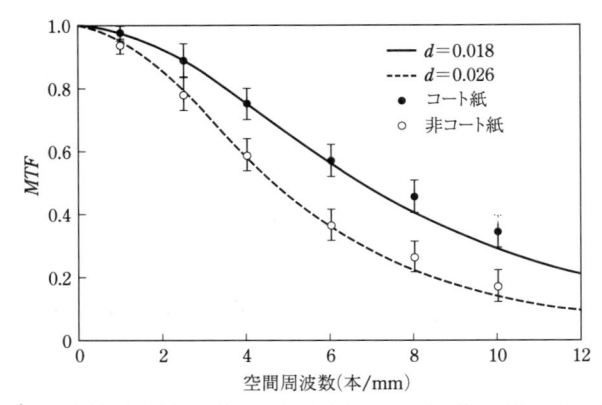

図 8.10　コート紙（実線）と非コート紙（点線）の MTF モデル式による近似と実測値（●，○）の変動

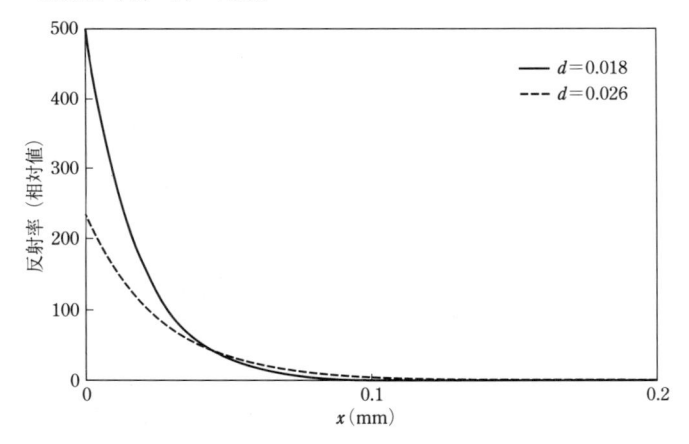

図 8.11　コート紙と非コート紙の LSF

MTF で実線はコート紙（$d=0.018$），点線は非コート紙（$d=0.026$）の場合である．図からコート紙，非コート紙ともこのモデル式で近似できることがわかる．MTF のフーリエ変換により LSF あるいは PSF が求められる．(8.14)式を 2 次元に展開しそのフーリエ変換を行えば，

$$PSF_{\text{paper}}(x,y) = \frac{1}{2\pi d^2} \exp\left(-\frac{\sqrt{x^2+y^2}}{d}\right) \tag{8.17}$$

すなわち，紙の PSF が数式で表されたことになる．このモデル式から推測

されるコート紙と非コート紙の LSF（PSF の断面）を図 8.11 に示す．ここで，d は係数，PSF は総和が 1.0 となるように正規化している．

紙の PSF は，光学的ドットゲインと密接に関係する．PSF を用いたドットゲインの推定については第 9 章で述べる．

8.3.6 CCD カメラの MTF

CCD カメラの MTF は，CCD 素子の開口特性，空間配列，カラーフィルターアレイ，カラーフィルターの分光透過率などのほか，レンズ系，電子回路，画像処理などに依存する．例えば最近，CCD の配列を正方配列からハニカム構造にすることで水平，垂直方向の MTF を 45°方向に比べ向上させ，視覚の周波数特性を考慮した新しい画質設計法も提案されている．一方，CCD カメラにおける画像処理では，非線形ガンマ補正，クリッピング，ノイズ抑制など多くの非線形処理を行う．それ故，線形理論に基づいて決定される MTF をディジタル画像に適用し評価することは難しい．岡野は CCD カメラの MTF を，

(1) 斜めエッジ画像の微分から求めた LSF のフーリエ変換，
(2) 正弦波チャート，
(3) 矩形波チャートの振幅変化 $A(u)$ を，コルトマン補正し $MTF\ C(u)$

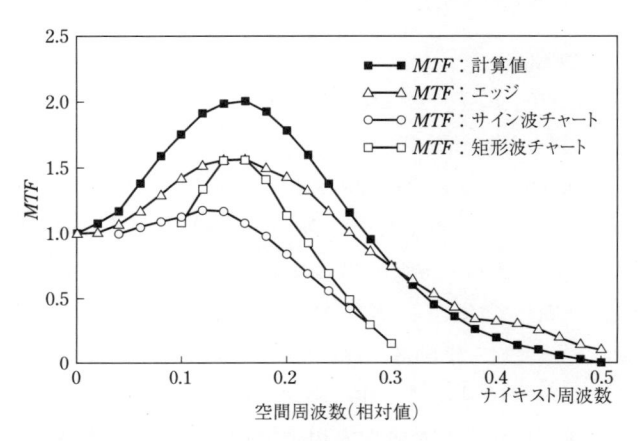

図 8.12 CCD カメラの MTF の理論値と斜めエッジの微分，正弦波チャート，矩形波チャートから求めた MTF

を計算する．
すなわち，

$$C(u) = \frac{\pi}{4}\left\{A(u) + \frac{1}{3}A(3u) - \frac{1}{5}A(5u) + \cdots\right\} \qquad (8.18)$$

から比較検討した．図8.12にそれぞれから求めた3板式CCDカメラのMTFと理論値から計算したMTFを示す．いずれの手法もMTFがピークを示す空間周波数はほぼ一致しているがMTFには大きな差がある．また，エッジの微分によるLSFからのMTFでは，エッジのコントラストが測定に大きく影響することも明らかにされており，CCDカメラなどディジタルシステムのMTF測定には今後の課題が多い．

8.3.7　MTFと画像の変調

MTFが画像の鮮鋭度を表す有効な尺度であることが明らかにされた．そこで，MTFを変化させた画像を画像処理で作成し，画質とMTFの関係をより定量的に調べることができる．ナイキスト周波数が5本/mmである画像システムを用いた実験例を示そう．(8.15)，(8.16)式でも示したようにレンズ，フィルム系のPSFは一般につぎのようなガウス分布で近似できる．

$$h(x,y) = \frac{1}{2\pi\sigma^2}\exp\left[-\frac{(x^2+y^2)}{2\sigma^2}\right] \qquad (8.19)$$

このフーリエ変換は，

$$H(u,v) = -2\pi^2\sigma^2\exp[-(u^2+v^2)] \qquad (8.20)$$

そこでσを変えたガウシアンフィルター5種（$H_i(u,v)$　$i=1,2,\cdots,5$　$\sigma=0.001, 0.004, 0.009, 0.016, 0.037$）と逆フィルター2種$1/H_1(u,v)$，$1/H_2(u,v)$計7種のフィルターをそれぞれ画像のR，G，B成分に各種組み合わせで作用させ，逆変換してMTFの異なる49枚の画像を作成し，これらを系列範疇法で評価してR，G，B成分の空間周波数特性と画質の関係を調べた．評価はポートレート画像（原画像は4×5インチ，リバーサルカラーフィルム）を1024×1024に標本化，画像処理してフィルムレコーダーでリバーサルフィルムに出力した画像を用いて行った．この画像にはMTFを測定するための正弦波チャートが記録されている．したがって，変調後の画

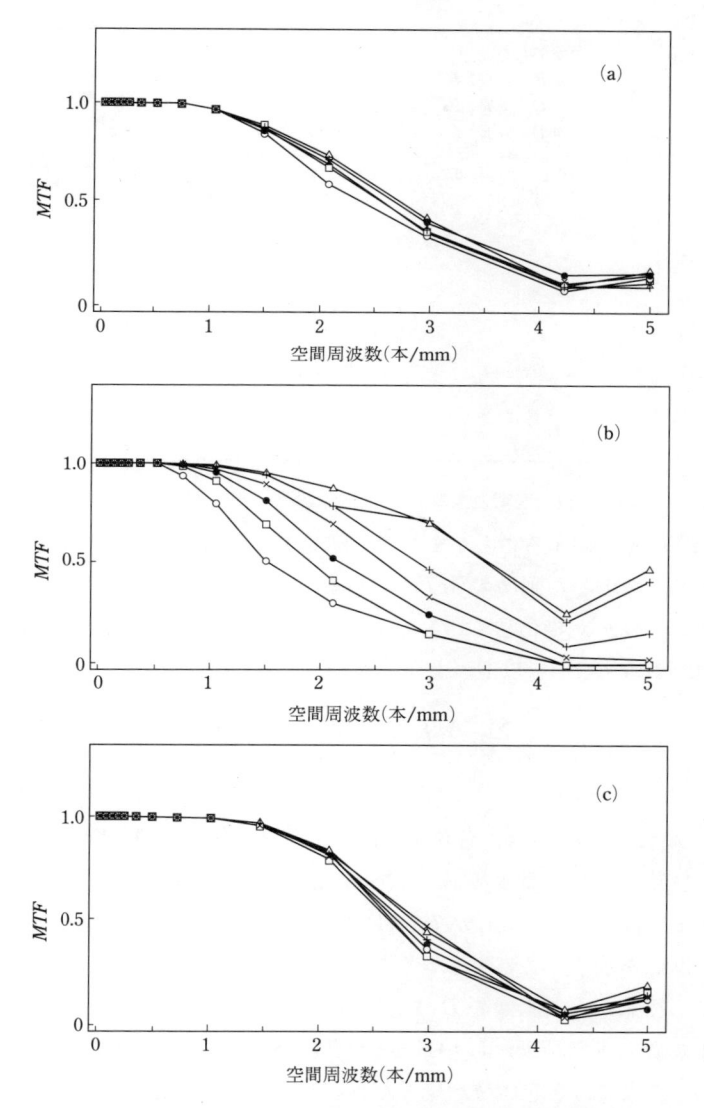

図 8.13　ガウシアンフィルターによる変調画像の MTF（画像中の正弦波チャートより測定）．(a) R 成分をフィルター処理しないで出力した画像の MTF，(b) G 成分を 7 種のフィルターで処理して出力した画像の MTF，(c) B 成分をフィルター処理しないで出力した画像の MTF

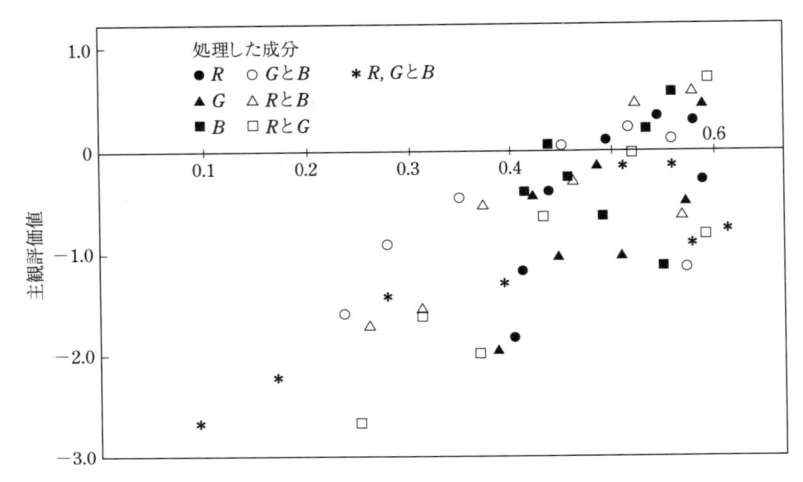

図 8.14 変調画像の主観評価と (8.21) 式 DQF との関係

像の MTF を実測することができる．図 8.13 は画像の G 成分に対してのみフィルター処理した画像の MTF である．R，B 成分の周波数は変化せず，G 成分の MTF が変化しているのがわかる．

物理評価値 DQF を以下のように計算する．

$$DQF = \frac{\sum_{i=r,g,b} A_i \int_{10}^{35} MTF_i(u) d\log(u)}{\int_{10}^{35} d\log(u)} \quad (8.21)$$

ここで $A_i(i=r,g,b)$ は，各色成分に対する重み係数，積分範囲は視覚系の MTF が最大となる周波数 10 cycles/degree (cpd)～35 cpd である．本実験システムでは，1 line/mm が 7cpd に相当する．図 8.14 に DQF と主観評価値との関係を示す．この図は，各成分の重みを均一 0.333 とした場合の結果である．従来から，画像の B 成分は画質にあまり寄与しないといわれている．本実験の評価結果からも B 成分だけを変調した画像は画質への影響は少ない．そこで，各色成分が総合画質にどのような影響を与えるかを重回帰分析から調べてみた結果 $A_r=0.46$，$A_g=0.42$，$A_b=0.12$ が得られた．これまで R，G，B の画質への寄与は視覚の Y 関数における重み係数 $Y=0.3R+0.59G+0.11B$ が用いられているが，この例では異なった重みが得られている．すなわちカラー画像の鮮鋭性評価では，画像のコンテンツに応じ

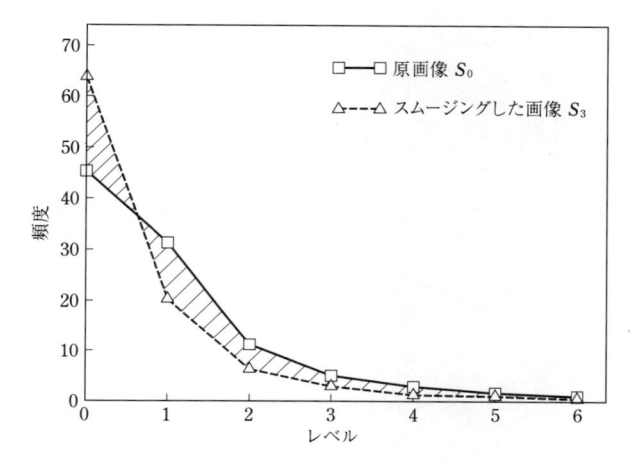

図 8.15 デルタヒストグラムとシャープネスファクター

た R, G, B 成分への重みづけが必要であることがわかる.

8.4 デルタヒストグラムと鮮鋭度

MTF や解像力を測定するためには，画像中にそれらを測定するためのチャートが記録されている必要がある．しかし，一般の画像ではそのようなチャートは記録されていない．そこで，画像のデルタヒストグラムを用いて鮮鋭度を求めることを考えてみよう．デルタヒストグラムは，ある画素 $f(x, y)$ と隣接する 8 方向の濃度差をヒストグラムとしたものである．鮮鋭度の大きな画像は，一般に隣接する画素間の濃度差が大きく，ぼやけた画像はその差が小さい．したがって，それらの画像をある平均値フィルターを用いて平滑化した場合に鮮鋭度の大きな画像ほどフィルターの影響を多く受け，原画像と平滑化後のデルタヒストグラムの差が大きくなると考えられる．そこで，原画像と平均値フィルターで処理された画像のデルタヒストグラムから得られる累積デルタヒストグラム $S_0(i)$, $S_3(i)$ の差の絶対値，

$$SF = \sum_{i=0}^{255} |S_0(i) - S_3(i)| \qquad (8.22)$$

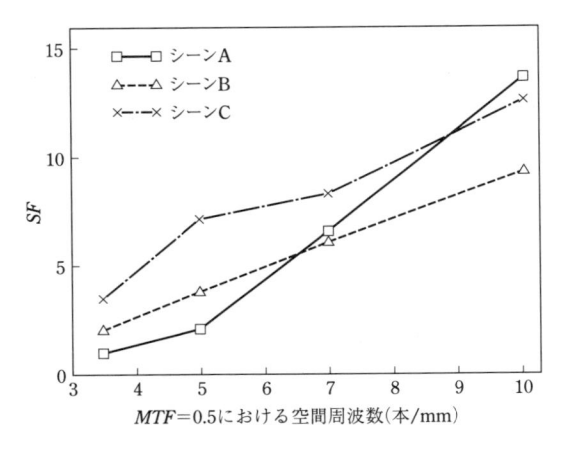

図8.16 シャープネスファクターと MTF 0.5 を与える空間周波数との関係

をシャープネスの尺度として用いることができる．SF は図 8.15 の斜線部分の面積 SF に対応する．

デルタヒストグラムの有用性を調べるため，4種のガウシアンフィルターにより MTF を変えて作成した画像のデルタヒストグラムを3種類のポートレート画像について計算した図 8.16 は，$MTF=0.5$ における空間周波数と SF の関係を示している．SF がシャープネスを表す尺度として有効であることがわかる．

8.5 粒状性とノイズ

8.5.1 加法ノイズと乗法ノイズ

これまで述べてきた画像の階調再現，鮮鋭度評価はノイズフリーとして扱ってきた．しかし，画像の記録再現系では常にノイズが加わりそれが画質低下の大きな要因となる．一般に画像信号を $S(x,y)$，ノイズを $N(x,y)$ で表すとき得られる画像信号 $f(x,y)$ は大きく分けて次のように表すことができる．

$$f(x,y) = S(x,y) + N(x,y) \tag{8.23}$$

$$f(x,y) = S(x,y)N(x,y) \tag{8.24}$$

(8.23)式による場合を加算(法)ノイズ (additive noise), (8.24)式によるものを乗算(法)ノイズ (maltiplication noise) という．また，ノイズが信号に依存する場合と信号とは独立に存在する場合とがある．写真フィルムでは，銀粒子は画像形成を行う信号であり，また粒状ともなる．すなわち，フィルム粒状は信号依存のノイズである．その他の画像形成システムにおいても，信号に依存する乗算ノイズが多い．しかし，その解析では簡単のため信号に独立な加算ノイズとして扱うことが行われる．

CCDカメラのノイズを考える．いま，CCDカメラからの出力値 F は，
$$F=(KI+N_{DC}+N_S+N_R)A+N_Q \tag{8.25}$$
と表される．ここで，I は CCD に入力される電子の数 (信号，K は定数)，N_{DC} は熱により生じる暗電流ノイズ (dark current noise), N_S はフォトンの揺らぎによる統計的なノイズ (shot noise), N_R は CCD からの電荷の読み出しノイズ，A はカメラのゲイン，N_Q は量子化ノイズである．CCD カメラでは，それぞれのノイズを分離して測定することが難しいため総合的なノイズが測定されることが多い．測定では，ある一様な反射率を持つグレイのチャートを撮影し，その領域内でのピクセル値の変動を求めることが一般に行われる．(暗電流ノイズについては図3.4参照．)

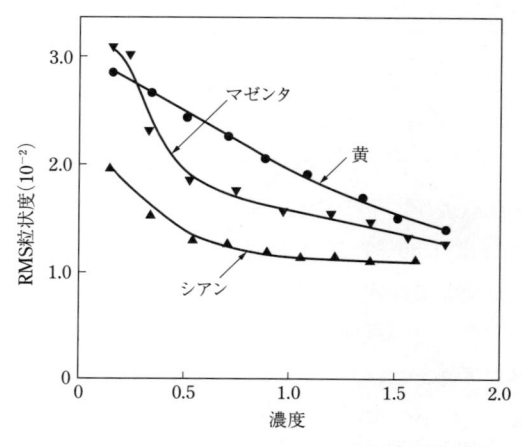

図8.17 高感度ネガカラーフィルムのRMS粒状度の濃度依存性

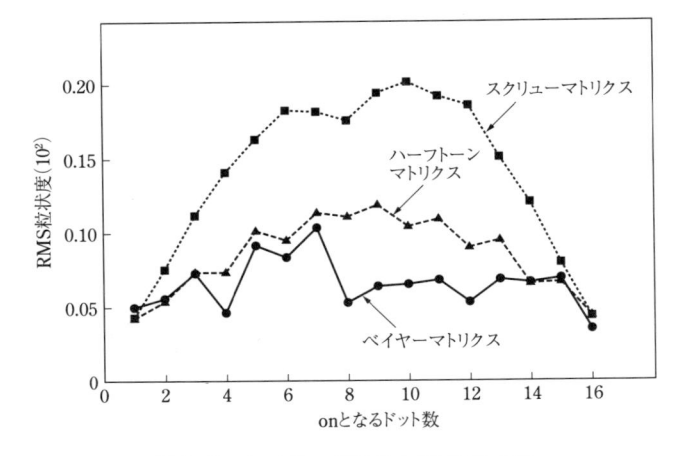

図 8.18　4×4 ディザ画像の RMS 粒状度

8.5.2　RMS 粒状度

均一の反射率を持つグレイスケールを撮影し，その濃度変動の標準偏差 σ を RMS 粒状度という．ここで $\bar{f}$ は平均濃度である．

$$\sigma = \frac{1}{N}\left[\sum_{i=1}^{N}(f(i)-\bar{f})^2\right]^{1/2} \tag{8.26}$$

写真のネガフィルムでは，濃度は直径 48 μm のアパーチュアで，N は 2000 点以上で測定することが必要である．写真ネガフィルムは，通常引き伸しをして観察する．アパーチュア径 a は，この点を考慮しネガフィルムを約 12 倍に拡大して明視の距離で観測したとき視覚系の MTF が最大となる空間周波数 $U_{\max}$(1 本/mm)≒$1/2a$ とほぼ対応している．

図 8.17 は高感度のネガカラーフィルムの RMS 粒状度である．RMS 粒状度は図に示されるように平均濃度に依存する．写真では，粒状がもっとも目立つ濃度レベルは 0.80～1.10 との報告がある．したがって，RMS 粒状度もこの平均濃度範囲で測定するのがよい．

ディジタルハーフトーン画像の粒状度を測定する基準は定められていない．写真画像に準拠して考えれば，引き伸しをしないで観測するハードコピーでは RMS 粒状度は 48 μm×12 μm=576 μm 直径のアパーチュアで測定すればよいことになる．すなわち，矩形の開口では 510 μm×510 μm となる．

図 8.18 は 4×4, このアパーチュアによって測定されたディザマトリクスによるディザ画像の RMS 粒状度の測定例である.

8.5.3 Wiener スペクトル

RMS 粒状度は,簡単に測定できるため広く使用されているが必ずしも視覚系が受ける粒状性(graininess)との相関は高くない.また,ディジタル画像のような周期構造を有するノイズの解析には適していない.そこで,より定量的なノイズ解析には Wiener スペクトル(Wiener spectrum, パワースペクトルともいう)を測定することが行われる.

いま,画像 $f(x,y)$ について考えよう.$f(x,y)$ の自己相関関数 $\phi(\tau,\eta)$ は次のように与えられる.

$$\phi(\tau,\eta) = \lim_{L=\infty} \int_{-L}^{L} \int_{-L}^{L} f(x,y) f(x+\tau, y+\eta) dxdy \tag{8.27}$$

ここで τ, η は,相関距離,積分範囲 $L \times L$ は画像サイズに対応する.自己相関関数 $\phi(\tau,\eta)$ のフーリエ変換は,Wiener-Khintchine の定理から Wiener スペクトル $\Psi(u,v)$ を与える.

$$\Psi(u,v) = \int_{-\infty}^{+\infty} \int_{-\infty}^{+\infty} \phi(\tau,\eta) \exp[-2\pi i(\tau u + \eta v)] d\tau d\eta \tag{8.28}$$

$\Psi(u,v)$ は,$f(x,y)$ のフーリエ変換 $F(u,v)$ の絶対値の 2 乗からも求められる.

$$\Psi(u,v) = |F(u,v)|^2 \tag{8.29}$$

相関距離 $\tau=0, \eta=0$ の場合には,(8.27)式は,

$$\phi(0,0) = \lim_{L=\infty} \int_{-L}^{L} \int_{-L}^{L} [f(x,y)]^2 dxdy \tag{8.30}$$

すなわち,$\phi(0,0)$ は,(8.26)式の RMS 粒状度 σ の 2 乗に等しくなる.また,(8.28)式の逆フーリエ変換から,

$$\phi(\tau,\eta) = \int_{-\infty}^{\infty} \int_{-\infty}^{\infty} \Psi(u,v) \exp[2\pi i(\tau u + \eta v)] dudv \tag{8.31}$$

したがって,

$$\phi(0,0)=\int_{-\infty}^{\infty}\int_{-\infty}^{\infty}\Psi(u,v)dudv \tag{8.32}$$

(8.32), (8.30)式から, RMS 粒状度 σ は, Wiener スペクトルを空間周波数で積分した値の平方根に対応していることを意味している.

写真フィルムのような等方的な画像システムの Wiener スペクトル $\Psi(u)$ を測定することを考えよう. Wiener スペクトルは, マイクロ濃度計を用いて一様に露光されたフィルムを幅 w, 長さ d ($d\gg w$) のスリットを用いて走査し $f(x)$ の分布から定義に従って自己相関関数を計算し, そのフーリエ変換から計算すれば求まる. このとき, 得られる Wiener スペクトル $\Psi(u)$ は, 2次元の Wiener スペクトルの断面 $\Psi(u,0)$ と等しくなる. 厳密には, $\Psi(u)$ は $\Psi(u,v)$ と (8.33)式の関係にある式.

$$\Psi(u)=\int_{-\infty}^{\infty}\Psi(u,v)M^2(u,v)dv \tag{8.33}$$

ここで $M(u,v)$ は, マイクロ濃度計の MTF である. マイクロ濃度計における光学系の MTF は空間周波数 300 本/mm 以下ではほぼ 1 である. したがって, 走査開口, すなわちスリットによる影響が主となる. ここから,

$$M(u,v)=sinc(wu)sinc(hv) \tag{8.34}$$

h は十分に大きいので, $v=0$ 付近を除いて $sinc(hv)=0$.

$$\Psi(u)=\frac{sinc^2(wu)}{h}\Psi(u,0) \tag{8.35}$$

したがって,

$$\Psi(u,0)=\frac{h}{sinc^2(wu)}\Psi(u) \tag{8.36}$$

となる.

Wiener スペクトルを用いた画像評価は, X線写真のスクリーン-フィルム系について多くの報告がある. ネガフィルムを m 倍で印画紙に焼付けたおりの印画の Wiener スペクトルは次のように表せるとの報告がある.

$$W_{print}(u)=\gamma^2 M_{paper}^2(u)W_{nega}(mu)+W_{paper}(u) \tag{8.37}$$

ここで, $W(u)$ は Wiener スペクトル, M は MTF, γ は印画紙の階調度を示す. 次元を同一にするため MTF が2乗されていることに注意しよう.

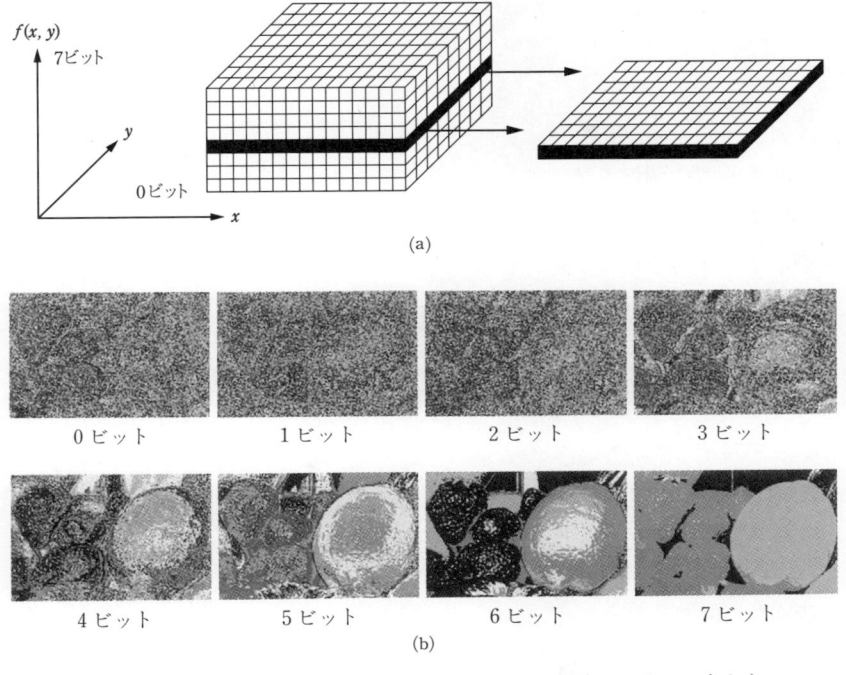

図 8.19 (a) ビットプレイン画像，(b) 8 ビットスキャナーの 0 ビットから 7 ビットプレイン画像

8.5.4 ビットプレイン画像

2^n で量子化されたディジタル画像 $f(x,y)$ は，最下位ビット 0，最上位のビットを $(n-1)$ とすれば，

$$f(x,y)=\sum_{k=0}^{n-1}b_k(x,y)2^k \tag{8.38}$$

ここで，

$$b_k(i,j)=\{0,1\}$$

である．$b_k(x,y)$ をビットプレイン画像という．一般の画像では，上位ビットほど画素間の相関が強く下位ビットは，画素間の相関が薄れてノイズ成分が多くなる．したがって，図 8.19(a) に示すように各プレインの様子を観測することで量子化にともなう各プレインの情報を解析できる．図 8.19(b) は，

8ビットで量子化されたある画像の各プレインでの出力像である．

8.6 粒状のシミュレーション

粒状と画質の関係を粒状モデルと計算機シミュレーションから行った結果について述べよう．Saundersによると信号に依存したフィルムノイズ g_i は次のようにモデル化できる．

$$g_i = [(1-z_i) - \phi z_i^r \ln z_i]^{1/2} N_i(x,y) \qquad (8.39)$$

ここで，

$z_i = \dfrac{D_i}{D_{si}}$,

$i = r, g, b$,

$x = 1, 2, \cdots, M$,

$y = 1, 2, \cdots, N$.

また，$N_i(x,y)$ は1次のマルコフ過程(Markov process)を考慮したノイズで次式から計算される．

$$N_i(x,y) = \frac{\rho_i [N_i(x-1,y) + N_i(x,y-1)]}{2} + X_i(x,y) \qquad (8.40)$$

(8.39)，(8.40)式における $N(x,y)$ は正規乱数（平均0，標準偏差1）で ρ は隣接画素間の相関を示す係数，D は画像濃度，D_s はフィルムの最高濃度，ϕ は現像核1つ当たりの色素に変換されるカプラーの数で500である．また，r は濃度に依存する定数であるがここでは $r=2$ を使用した．g_i を信号 $S(x,y)$ に加えることによりノイズ画像 $f(x,y)$ が得られる．

$$f_i(x,y) = S_i(x,y) + K_i g_i(x,y) \qquad (8.41)$$

ここで，K は粒状の大きさを決定する定数である．図8.20に R，G，B にそれぞれ同一のノイズを加えた画像の例を示す．B 成分のノイズが G や R に比べて目立たないことが明白である．K を変化させて多数のノイズ画像を作成しその主観評価から R，G，B の各成分のノイズが粒状性にどのように寄与するかを考えてみよう．総合的な粒状度 V は，R，G，B 各成分のRMS粒状度を σ_r，σ_g，σ_b と表せば次のように定義できる．

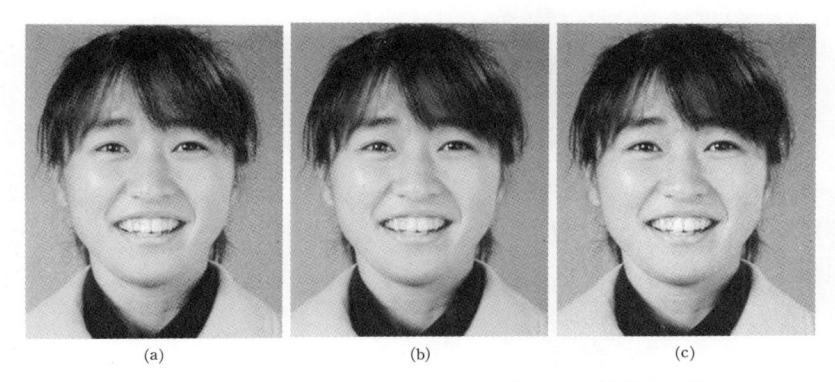

図 8.20 カラー画像 R, G, B 成分に同一ノイズを加えた例
(a) R 成分, (b) G 成分, (c) B 成分

$$V = a_r \sigma_r + a_g \sigma_g + a_b \sigma_b \tag{8.42}$$

ここで，鮮鋭度と同様回帰分析から重みを決定した結果，$a_r = 0.342$，$a_g = 0.623$，$a_b = 0.035$ であった．鮮鋭度における重み係数とは異なった値となったが，このようなシミュレーションはノイズ画像の評価を行う上で有効である．

8.7 鮮鋭性と粒状性

8.3.7項および8.5節では，MTFすなわち鮮鋭度とRMS粒状度についてのシミュレーション結果を示した．総合的な画質は，このような鮮鋭度，粒状度単独では決定されず各種の因子が複雑に相互作用して決定される．そこで，本節では，鮮鋭度と粒状度が主観的な画質に及ぼす影響を計算機シミュレーションすることを考えよう．ノイズフリーな画像としてISO/JIS-SCID N1(ポートレート：portrait)，カフェテリア (cafeteria) N2 の2枚の標準画像を使用した．口絵1にポートレートについて鮮鋭度と粒状度の異なる画像の例を示す．この例では，縦軸に粒状度，横軸に鮮鋭度を変化させている．

鮮鋭度については 8.3.7 項と同様に，原画像のフーリエ変換を行いフーリエ面で以下のようなフィルター $W(u,v)$ を作用させフーリエ逆変換を行い

周波数（MTF）の異なる画像を作成する．
$$W(u,v)=\exp\{-(u^2+v^2)\}=\exp(-r^2) \tag{8.43}$$
ここで，
$$r=(u^2+v^2)^{1/2}$$
すなわち r は周波数面における原点からの半径を表す．$r=0$ の場合には $W(0,0)=\exp(0)=1$ でフィルター処理されない画像が得られる．一方，粒状度については原画像 $f(x,y)$ に対して一様乱数 $n(x,y)$ を加えて劣化画像 $g(x,y)$ を作成する．8.6節では濃度依存のノイズモデルを使用したがモデルを単純化するためここでは一様乱数による加法ノイズモデルを使用してノイズ画像 $g(x,y)$ を得ている．
$$g(x,y)=f(x,y)+kn(x,y) \tag{8.44}$$
ここで，
$$-1<n(x,y)<1$$
(8.43)式において，$\exp(-r^2)=0.5$ となるように $r=0$，192，160，128，96，64 として鮮鋭度を，$k=0$，5，10，15，20，25 として粒状度を変化させ計36枚の画像を作成し被験者15名により評価を行った．評価は CRT モニター上に画像を1枚ずつ提示し，45 cm（視野角20度）の距離から5段階系列範疇法に従い行った．この評価では総合画質と鮮鋭度，粒状度についてそれぞれ次のようなインストラクションを被験者に与えている．

　総合画質　提示された画像の総合的な画質．画質がとくによい画像は5点，非常に悪い画像は1点を与える．
　(a)鮮鋭性：画像から受けるシャープさ，ぼやけの度合で非常にシャープな画像5点，ぼやけが非常に目立つ画像1点．
　(b)粒状性：画像から受けるざらつき，粒状の度合．ざらつきがなく滑らかに感じる画像5点，ざらつきが大きく目立つ画像は1点．

　以上のような評価からサーストンのケースVにより，総合画質，鮮鋭性，粒状性とも0から10になるように統計処理を行った．図8.21にポートレート，カフェテリアの画像についての評価結果を横軸に鮮鋭性，縦軸に粒状性として示す．図中の数字は総合評価の結果である．図から左下から右上に向かって画質が向上していることがわかる．Bartleson は，銀塩写真の画質に

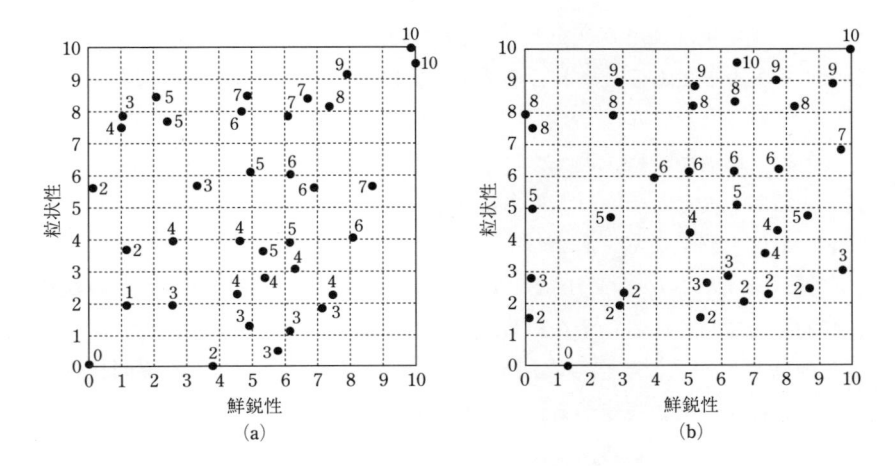

図 8.21 ノイズとシャープネスの異なる画像の評価結果，数値は総合評価値
 (a) SCID ポートレート，(b) カフェテリア

関して鮮鋭性 S と粒状性 G は総合画質 Q と以下のような関係があると報告している．

$$Q = (a_1 S^b + a_2 G^b)^{1/b} + a_3 \tag{8.45}$$

ここで a_1, a_2, a_3, b は定数である．$b=1$ として上記の例に本式をあてはめてみると，ポートレート Q_1，カフェテリア Q_2 でそれぞれ，

$$\begin{aligned} Q_1 &= 0.532S + 0.501G - 0.368 \\ Q_2 &= 0.686S + 0.415G - 0.866 \end{aligned} \tag{8.46}$$

が得られた．このようなシミュレーションの手法は，多くの要因によって左右される画質を解析評価する上で有効である．

8.8 画像評価用チャートについて

画像の物理的な評価を行うために各種チャートが ISO, JIS, 画像電子学会，電子写真学会（現日本画像学会），日本印刷学会，テレビジョン学会（現画像情報メディア学会）などで開発されている．チャートには，階調再現を測定するための多段階反射率を持つグレイスケール，鮮鋭度測定のための解像力チャート，MTF 測定用正弦波チャート，粒状度測定用のグレイス

ケール，色再現評価用カラーチャート，演色評価用チャート，フレネルゾーンプレートなどである．これらのチャートについて簡単に説明しておこう．

(1) グレイスケール

反射型，透過型，較正データ付き，濃度差 0.15，0.30 などがある．また，網点面積率を変えたチャートもある．

(2) 解像力測定チャート

写真レンズ用としては JIS B7174-1962 にレンズの撮影解像力の測定法を総括的に規定している．すなわち，一般的撮影レンズ，映画用撮影レンズ，引き伸ばしレンズ，航空写真用レンズ，製版写真用レンズ，X 線間接撮影用レンズについての規定がある．一般写真レンズでは，黒地に白の平行線チャートが規定されている．また，解像力の方向性を見るためのジーメンススターチャートなどレンズの解像力チャートは，この他にも数多く提案されている．

(3) 正弦波チャート

透過率が正弦波状に変化するチャートで Sine Patterns 社製の正弦波チャートが市販されている．

(4) ディジタルカメラの *MTF* 測定用として図 8.22 に示すようなチャー

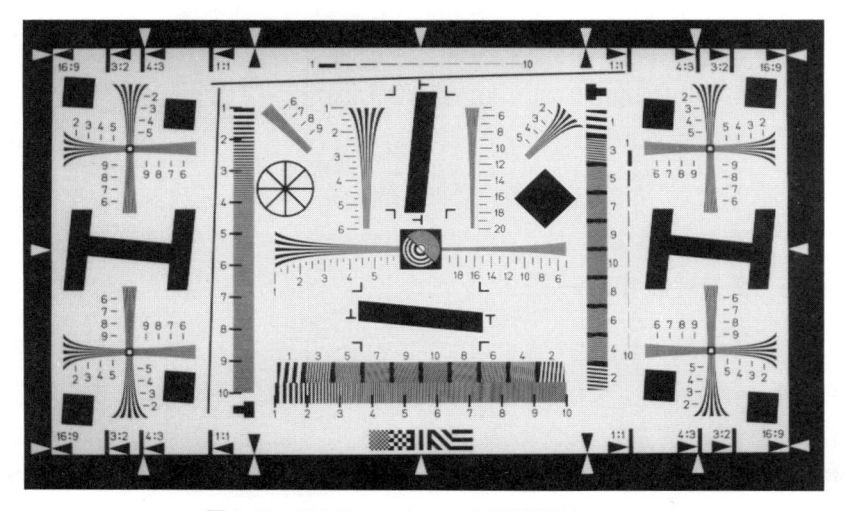

図 8.22 ISO ディジタルカメラ評価用チャート

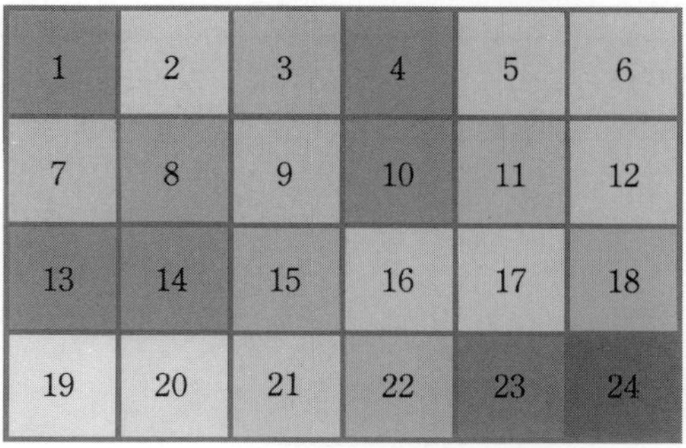

8.8 画像評価用チャートについて

[マクベスカラーチェッカー 6×4 色票図: 1〜24]

図 8.23 マクベスカラーチェッカー

トが ISO で規定されている．

(5) 標準画像

ディジタルプリンターなどの画質を画像として測定するための標準画像として，SCID 画像データが広く使用されている．woman, fruit, orchid, wine, bicycle, の 6 種の絵柄で構成されている．画像の出力結果を知るにはよいチャートであるが，画像の物理評価量の測定はできない．

より高精細な 4 種類の標準画像（SHIPP, standard high precision picture data）が画像電子学会から CD-ROM で頒布されている．この画像は，画素数 4096×3072，各画素について XYZ : 16 ビット，RGB : 8 ビット，CIELAB : 8 ビットである．また 300 種のカラーパッチを含む 4096×1960 画素，RGB 各色 8 ビットのカラーチャートも供給されている．

(6) カラーチャート

Munsell カラー色票，マクベスカラーチェッカー（Macbeth color checker），JIS カラー色票，ラゴリオ色票（Lagorio color chart）のほか，色管理の必要な分野でそれぞれ独自の色票が使用されている．写真，テレビ，ハードコピーなどの色再現評価には C. S. McCamy により提案されたマクベスカラーチェッカーが広く用いられている．図 8.23 にマクベスカラーチェッカーを示す．図のようにこの色票は 6 個のグレイと 18 色のカラー色票，計 24 個のチャートから構成されている．表 8.3 にそれぞれの色票の色名，Munsell 値，CIE-xyY を示す．（チャート番号は表 8.3 と対応，口絵 2 の中

表8.3 マクベスカラーチェッカーの色度値，マンセルバリューと色名

No.	色名	CIE (1931)			Munsell 表示		ISCC/NBS
		x	y	Y	色相	明度/彩度	色名
1.	dark skin	.4002	.3504	10.05	3.05 YR	3.69/3.20	Moderate brown
2.	light skin	.3773	.3446	35.82	2.2 YR	6.47/4.10	Light reddish brown
3.	blue sky	.2470	.2514	19.33	4.3 PB	4.95/5.55	Moderate blue
4.	foliage	.3372	.4220	13.29	6.65 GY	4.19/4.15	Moderate olive green
5.	blue flower	.2651	.2400	24.27	9.65 PB	5.47/6.70	Light violet
6.	bluish green	.2608	.3430	43.06	2.5 BG	7/6	Light bluish green
7.	orange	.5060	.4070	30.05	5 YR	6/11	Strong orange
8.	purplish blue	.2110	.1750	12.00	7.5 PB	4/10.7	Strong purplish blue
9.	moderate red	.4533	.3058	19.77	2.5 R	5/10	Moderate red
10.	purple	.2845	.2020	6.56	5 P	3/7	Deep purple
11.	yellow green	.3800	.4887	44.29	5 GY	7.08/9.1	Strong yellow green
12.	orange yellow	.4729	.4375	43.06	10 YR	7/10.5	Strong orange yellow
13.	Blue	.1866	.1285	6.11	7.5 PB	2.90/12.75	Vivid purplish blue
14.	Green	.3046	.4782	23.39	0.1 G	5.38/9.65	Strong yellowish green
15.	Red	.5385	.3129	12.00	5 R	4/12	Strong red
16.	Yellow	.4480	.4703	59.10	5 Y	8/11.1	Vivid Yellow
17.	Magenta	.3635	.2325	19.77	2.5 RP	5/12	Strong reddish purple
18.	Cyan	.1958	.2519	19.77	5 B	5/8	Strong greenish blue
19.	White	.3101	.3163	90.01	N	9.5/	White
20.	neutral 8	.3101	.3163	59.10	N	8/	Light gray
21.	neutral 6.5	.3101	.3163	36.20	N	6.5/	Light-medium gray
22.	neutral 5	.3101	.3163	19.77	N	5/	Medium gray
23.	neutral 3.5	.3101	.3163	9.00	N	3.5/	Dark gray
24.	Black	.3101	.3163	3.13	N	2/	Black

央部カラーチャート参照.)

(7) ラゴリオ色票

図8.24に示すように主波長の異なる24種の短冊型の色票（表8.4）と濃度差0.05の29段階のグレイ色票（表8.5）を交互に配置した色票である．このチャートから写真フィルムやCCDカメラの擬似的な分光感度特性を測定できる．また視感度特性も簡易的に測定できる．

(8) Japan Color

日本印刷学会で規定している標準インクである．このインクはC，M，Y，R，G，Bについて表8.6のような色度値を持つ．

(9) 物理評価に用いるチャートの例

8.8 画像評価用チャートについて

表8.4 ラゴリオ色票，色チャート色度値と主波長およひ補色主波長(波長のあとにCと表示)

資料番号	Y	x	y	λ_d(nm)
1	7.29	0.325	0.181	553 C
2	7.12	0.380	0.202	536 C
3	7.09	0.410	0.222	506 C
4	9.10	0.485	0.270	495 C
5	10.80	0.530	0.321	630
6	17.04	0.551	0.347	616
7	23.87	0.555	0.359	602
8	26.96	0.540	0.385	595
9	44.37	0.496	0.424	585
10	61.64	0.457	0.468	577
11	73.91	0.435	0.480	574
12	70.71	0.406	0.484	571
13	46.69	0.351	0.496	563
14	28.51	0.287	0.486	550
15	16.28	0.227	0.442	516
16	12.57	0.209	0.360	495
17	9.30	0.191	0.302	489
18	7.72	0.189	0.262	484
19	7.10	0.184	0.236	481
20	7.02	0.181	0.203	477
21	5.16	0.187	0.179	473
22	4.23	0.193	0.142	467
23	4.21	0.205	0.132	458
24	4.79	0.269	0.140	561 C

表8.5 ラゴリオ色票，グレイチャートの反射率

灰色番号	反射率	灰色番号	反射率	灰色番号	反射率
1	89.0	11	28.0	21	8.8
2	79.3	12	25.0	22	7.9
3	70.6	13	22.0	23	7.0
4	62.9	14	19.8	24	6.2
5	56.1	15	17.7	25	5.6
6	49.9	16	15.7	26	5.0
7	44.5	17	14.0	27	4.4
8	39.6	18	12.5	28	3.9
9	35.3	19	11.1	29	3.5
10	31.5	20	10.0		

第 8 章　画像の物理評価

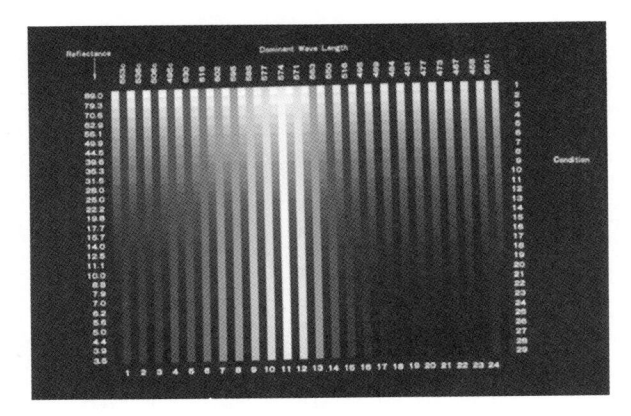

図 8.24　ラゴリオ色票

図 8.25　物理評価可能なチャートの例

　図 8.25 および口絵 2 は，筆者の研究室で使用しているチャートの一例である．このチャートは，4×5 インチリバーサルカラーフィルムに記録されており，高精細メカニカルスキャナーでディジタル化したディジタルデータもある．このチャートには，ポートレート画像のほか，マクベスのカラーチ

表 8.6　Japan カラーの色度値
カラーサンプル $L^*a^*b^*$ 色度値と色差（1994 年 7 月測定値）

	L^*	a^*	b^*	ΔE
Cyan	53.8±0.5	−37.9±0.5	−49.4±0.5	2.2(2.2~2.6)
Magenta	46.4±0.5	74.4±0.5	−4.8±1.0	0.3(0.3~1.2)
Yellow	87.0±0.5	−6.1±0.5	91.8±1.0	1.0(0.8~1.9)
Red	47.8±1.0	65.4±1.5	47.4±1.0	0.4(0.4~2.3)
Green	49.1±0.5	−70.3±0.5	27.1±1.0	0.3(0.3~1.4)
Blue	23.2±1.0	20.0±1.0	−51.2±0.5	1.0(1.0~2.2)
Black	12.3±1.0	1.0±0.1	1.5±0.1	0.5(0.5~1.0)
White	92.0±2.0	0.4±0.2	0.2±0.3	———

ェッカー，ナイフエッジ，C，M，Y，K で印刷された解像力チャート，ジーメンススターチャート，16 レベルグレイスケール，RMS 粒状度測定用グレイスケール，正弦波チャートが含まれている．したがって，本章で述べた物理評価値の大部分はこのチャートを用いて測定可能である．

第9章

異なったデバイス間の色変換

物体の色情報 $O(x,y,\lambda)$ はスキャナー，ディジタルカメラ，フィルム，印刷，各種プリンター，CRT など多様なデバイスで入力，変換，処理される．それ故，同一の画像情報であっても再現される画像はデバイスに大きく依存することになる．そこで，デバイスによらず同一な色再現を目指す device independent color reproduction についての研究が活発に行われるようになった．device independent color reproduction における基本的な考えはデバイス間で同一の色度値を持つようにする色再現，いわゆる測色的な色再現が基礎となっている．すなわち，いまあるデバイスでの三刺激値を (X_1, Y_1, Z_1) とし，別のデバイスでの三刺激値を (X_2, Y_2, Z_2) と表すとき測色的色再現とは，

$$X_1 = X_2, \quad Y_1 = Y_2, \quad Z_1 = Z_2 \tag{9.1}$$

とするような色再現である．

測色的色再現では (9.1) 式において測色値を均等色空間 $L^*u^*v^*$ あるいは $L^*a^*b^*$ で扱うか，観測用照明光源を撮影系のそれと一致させるかなどの問題はあるが，三刺激値あるいは色度値の一致に基づいた色再現を目標とすることに変わりはない．実際の処理では画像デバイスにより色再現範囲が異なるためそれぞれのデバイスが持つ gamut の範囲外の再現をどうするかが重要である．例えば，gamut 範囲外の色はすべて最大再現域の色に置き換える，主波長を変化させずに gamut 範囲内にて線形補間あるいは非線形補間するなどである．また，色変換では(1)変換マトリクス，(2) LUT (Look Up Table)，(3)ニューラルネットワークを用いる手法などが行われている．いずれも対応する色票間の色差を最小にするような変換が行われる．本章では，異なる画像入出力デバイス間での色変換，色再現について説明する．

9.1 スキャナーのキャリブレーション

図 1.4 のカラー画像の色再現モデルを思いだしてみよう．画像の分光反射率 $O(\lambda)$，スキャナーの照明光の分光放射率 $E(\lambda)$，光学系の分光特性 $L(\lambda)$，3色分解フィルターの分光透過率 $F_i(\lambda)$，光電変換器の分光感度 $S(\lambda)$ とする．これらの分光積が以下のように等色関数に等しければ，スキャナーによる分解像は三刺激値 X，Y，Z に対応する．

$$\left.\begin{array}{l}\bar{x}(\lambda)=E(\lambda)L(\lambda)F_r(\lambda)S(\lambda)\\ \bar{y}(\lambda)=E(\lambda)L(\lambda)F_g(\lambda)S(\lambda)\\ \bar{z}(\lambda)=E(\lambda)L(\lambda)F_b(\lambda)S(\lambda)\end{array}\right\} \quad (9.2)$$

したがって，分解された画像データを用いてそのまま測色理論に基づいた色変換処理が行える．しかし，実際のスキャナーではこのような条件は満足しない．そこで，多数の色票の測色から RGB と XYZ の変換マトリクスを計算することが必要になる．このような，変換マトリクスを求める手法について説明しよう．

R，G，B が8ビットの量子化レベルを持つ場合，その組み合わせから生じる色の数は $256\times256\times256=1678$ 万である．このような色票すべてを測色することは物理的に不可能である．そこで，できるだけ少ない色票を選択し，誤差の少ない変換マトリクスを求めることが必要になる．これらの色票を分光光度計で測色し，(9.3)式スキャナーの (RGB) から (XYZ) のマトリクス変換により計算される測色値の間での誤差が最小となるように回帰分析から 3×3 マトリクス $\boldsymbol{M}$ の係数を決定できる．

$$\begin{bmatrix}X\\Y\\Z\end{bmatrix}=\boldsymbol{M}\times\begin{bmatrix}R\\G\\B\end{bmatrix}\begin{bmatrix}R\\G\\B\\1\end{bmatrix} \quad (9.3)$$

このような線形変換のほか，R，G，B の高次の項も含めた非線形変換も行われる．例えば，

$$\begin{bmatrix} X \\ Y \\ Z \end{bmatrix} = M \times [R, G, B, R^2, G^2, B^2, RG, RB, GB, 1]^t \qquad (9.4)$$

ここで M は 3×10 のマトリクス，t は転置である．XYZ から (5.19)式に従い $L^*a^*b^*$ への変換を行い，均等色空間での処理を行うことができる．RGB から直接 $L^*a^*b^*$ への変換を行ってもよいが誤差が大きくなる．

マトリクス決定において誤差を低減するためには，できるだけ多くの色票を測色することが必要であるが物理的な制限がある．どのように色票を選択し低減するかは難しい問題である．例えば，次頁の図9.2に示すようにC，M，Y の量を均等に変化させ，あるプリンターを用いて $9\times9\times9=729$ 枚の色票を作成する．以下均等に C, M, Y の中間値を用いて色票を作成し，最小の色票は，C, M, Y, R, G, B と CMY の重なりによる墨と紙の白色を使用することが簡易的な色票数の低減法である．

図9.1に 3×10 のマトリクスによる色票数低減の効果を示す．(値は平均色差である．) しかし，このように特定の色票により作成されたマトリクスを用いてマトリクス計算に用いない色票の色変換を行うと色差が非常に大きくなる場合がある．したがって，マトリクスを決定するためには，対象とする物体が持つ色特性を考慮した色票の選択が重要である．

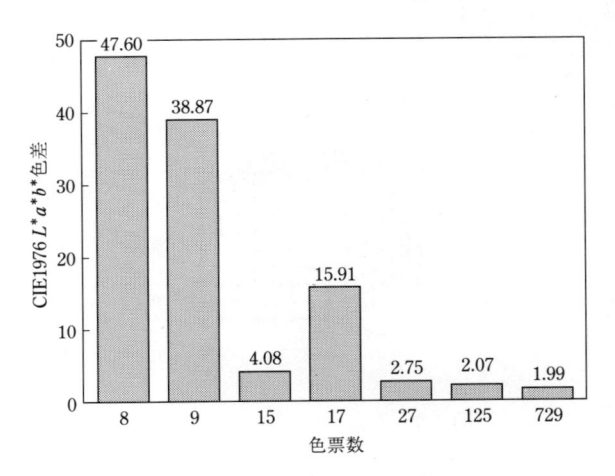

図 9.1 色票数削減と色差

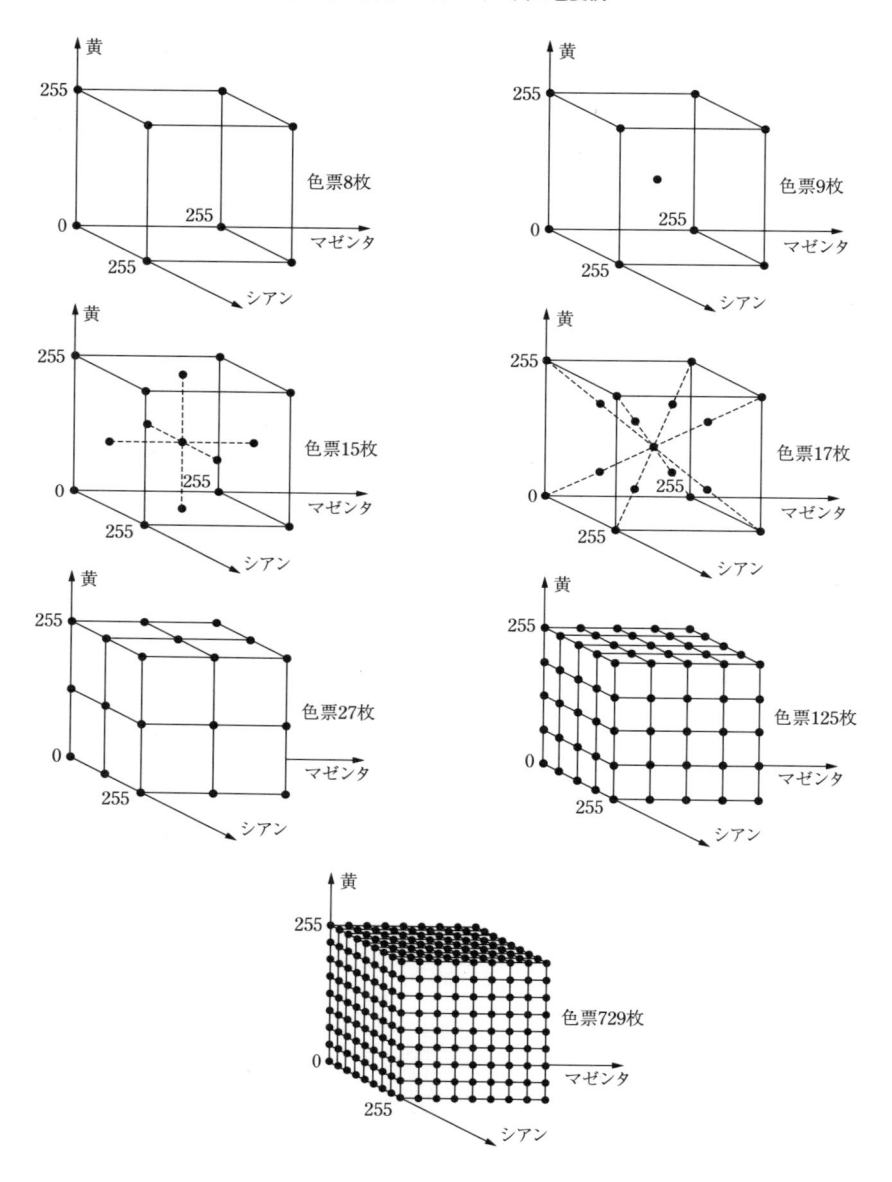

図 9.2 プリンターによる色票作成

9.2 CRT モニターのキャリブレーション

　液晶やプラズマなど新しいディスプレイが使用されるようになっているが，色再現の点からは CRT モニターが優れている．CRT は R, G, B 信号に応じて，管面に塗布された R, G, B 蛍光塗料が発光し加法混色に基づいてカラー画像を形成する．ディジタル信号 R, G, B と CRT モニターに表示された画像の XYZ への変換は以下のようにできる．

　CRT に R, G, B 信号を独立に 0 から 255 の適当な間隔で出力する．このパターンを色彩輝度計で，それぞれの信号に対して輝度 I_R, I_G, I_B cd/m² を測定する．あるモニターに対する輝度と R, G, B 信号の関係を図 9.3 に示す．図からこれらの関係を 2 次方程式で近似すれば，

$$\left.\begin{array}{l}L_R = a_0 R^2 + a_1 R + a_2 \\ L_G = b_0 G^2 + b_1 G + b_2 \\ L_B = c_0 G^2 + c_1 B + c_2\end{array}\right\} \tag{9.5}$$

これらの係数は回帰分析から決定できる．一方，三刺激値 XYZ は，CRT モニターの蛍光体 R, G, B それぞれの三刺激値 X_i, Y_i, Z_i ($i=R, G, B$) の和で表される．

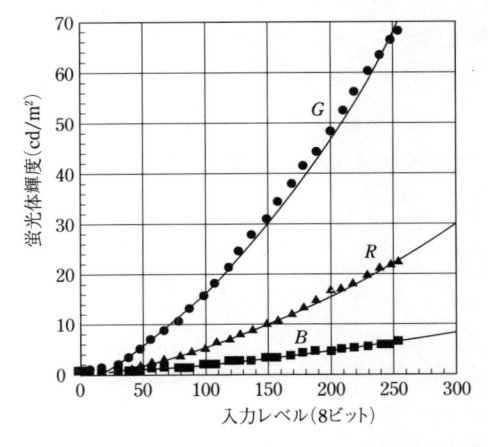

図 9.3 CRT モニターの輝度と R, G, B 信号の関係

$$\begin{bmatrix} X \\ Y \\ Z \end{bmatrix} = \begin{bmatrix} X_R + X_G + X_B \\ Y_R + Y_G + Y_B \\ Z_R + Z_G + Z_B \end{bmatrix} \tag{9.6}$$

X_i, Y_i, Z_i それぞれは図9.4に示すような線形の関係にある．すなわち，

$$\begin{bmatrix} X \\ Y \\ Z \end{bmatrix} = \begin{bmatrix} a_R Y_R + a_G Y_G + a_B Y_B + b_R + b_G + b_B \\ Y_R + Y_G + Y_B \\ c_R Y_R + c_G Y_G + c_B Y_B + d_R + d_G + d_B \end{bmatrix} \tag{9.7}$$

また，

$$\begin{bmatrix} L_R \\ L_G \\ L_B \end{bmatrix} = \begin{bmatrix} Y_R \\ Y_G \\ Y_B \end{bmatrix} \tag{9.8}$$

であるから，L_R, L_G, L_B と XYZ の関係が定まる．したがって，RGB と XYZ が関係づけられる．このようなキャリブレーションをモニターごとに行っておくことが色変換，色再現の実験，研究ではきわめて重要である．

9.3 CRT画像からのハードコピーへの色変換

CRT画像からのハードコピーへの色変換は，カラーマネージメントの中でもとくに重要である．色変換の基本は，測色的な色再現である．すなわち，モニター上の画像と同一の三刺激値あるいは色度値を持つような色変換である．図9.5はこの色変換の流れを示している．まず，対象とするハードコピー装置を用いて多くの色票を出力し，その測色を行う．XYZ から $L^*a^*b^*$ あるいは $L^*u^*v^*$ への変換を行う．次にCRTモニター上での $L^*u^*v^*$ へ変換する．このときハードコピーとCRTの L^* は異なることから，例えば，次の変換式を用いてハードコピーの L_P^* をモニターの L_{CRT}^* へ変換する．

$$L_{CRT}^* = \frac{100(L_P^* - L_{P\min}^*)}{(L_{P\max}^* - L_{P\min}^*)} \tag{9.9}$$

ここで $L_{P\min}^*$ は C, M, Y インクの重なりにより生じるもっとも濃い墨，$L_{P\max}^*$ は印刷用紙の値である．

$L^*u^*v^*$ は，さらに XYZ に変換後，CRTの変換特性を用いて L_R, L_G,

9.3 CRT 画像からのハードコピーへの色変換

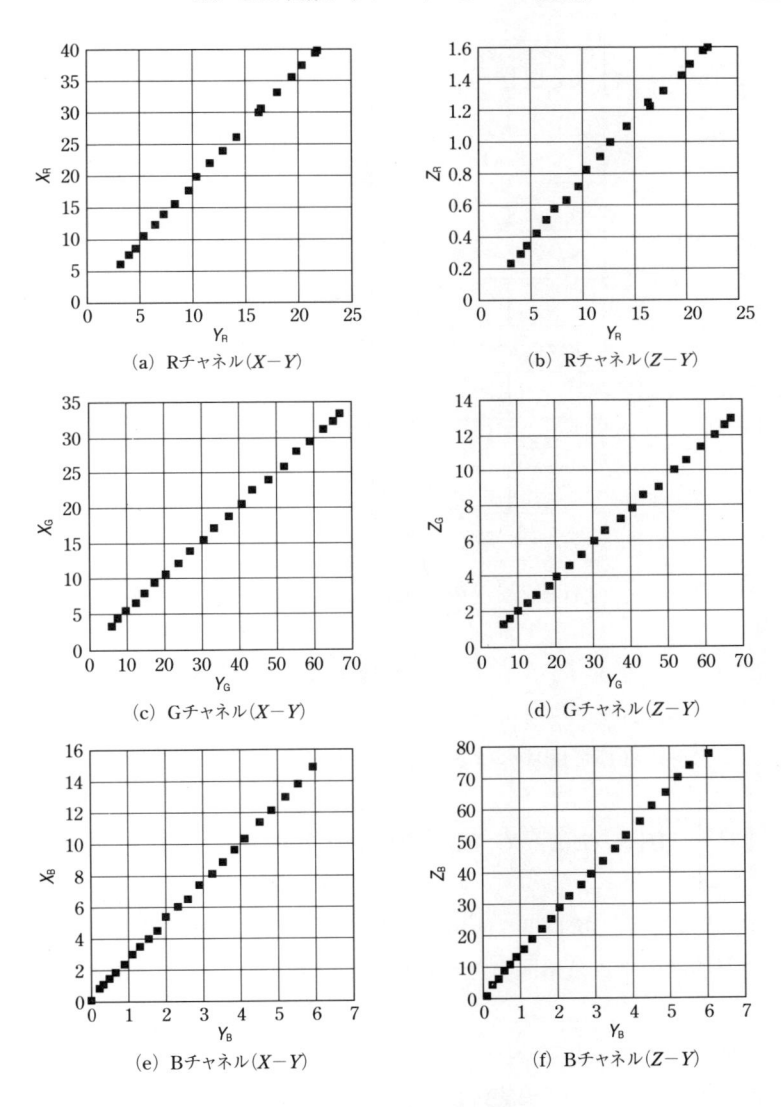

(a) Rチャネル($X-Y$)
(b) Rチャネル($Z-Y$)
(c) Gチャネル($X-Y$)
(d) Gチャネル($Z-Y$)
(e) Bチャネル($X-Y$)
(f) Bチャネル($Z-Y$)

図 9.4 三刺激値相互の関係

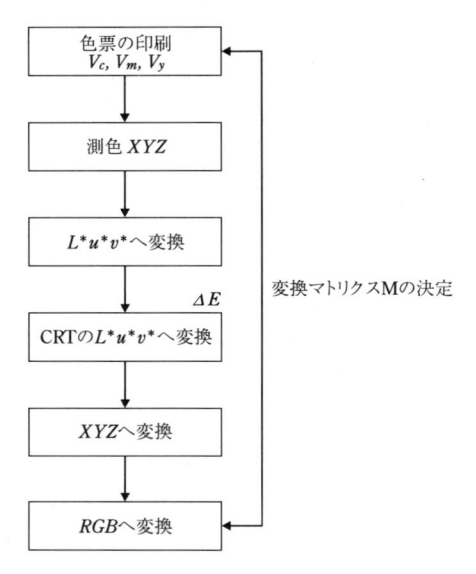

```
         ┌─────────────────┐
     ┌──▶│   色票の印刷    │
     │   │  $V_c, V_m, V_y$│
     │   └────────┬────────┘
     │            ▼
     │   ┌─────────────────┐
     │   │   測色 $XYZ$    │
     │   └────────┬────────┘
     │            ▼
     │   ┌─────────────────┐
     │   │ $L^*u^*v^*$へ変換│
     │   └────────┬────────┘
     │          $\Delta E$      変換マトリクスMの決定
     │   ┌─────────────────┐
     │   │CRTの$L^*u^*v^*$へ変換│
     │   └────────┬────────┘
     │            ▼
     │   ┌─────────────────┐
     │   │   $XYZ$へ変換   │
     │   └────────┬────────┘
     │            ▼
     │   ┌─────────────────┐
     └───│   $RGB$へ変換   │
         └─────────────────┘
```

図 9.5　テレビ，CCD カメラの RGB 信号からのハードコピーへの色変換の流れ

L_B，ディジタル信号 R, G, B へと変換する．すなわち，多くの色票の測色から R, G, B とハードコピーにおける網点面積率 V_c, V_m, V_y を次のような非線形の変換で関係づけることができる．

$$\begin{bmatrix} V_c \\ V_m \\ V_y \end{bmatrix} = M[R, G, B, RG, RB, GB, R^2, G^2, B^2, RGB, 1]^t \quad (9.10)$$

ここで，t は転置，M は 3×11 のマトリクスを表す．M の係数は 2 つのデバイス間で対応する色票間の色差 ΔE の和を最小とするように定めるのである．

　スキャナーのキャリブレーションにおいても説明したように R, G, B が各色 8 ビットあれば理論的に再現可能な色は 1678 万色である．このような色票の出力は不可能である．そこで，できるだけ少ない色票を測色して色差を最小にすることが考えられる．しかし，スキャナーキャリブレーションで説明したように色票数をどのように選択し低減するかが問題である．筆者らは，色再現にもっとも重要である肌色領域を抽出して肌色領域のマトリク

9.3 CRT 画像からのハードコピーへの色変換

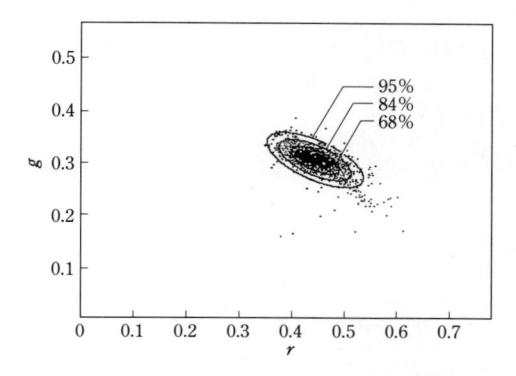

図 9.6 テレビ画面に出力された肌色の rg 色度分布

スと，その他の色に関するマトリクスを別に定めることを提案している．この手法について説明しよう．

テレビジョン画面に出力される肌色をおよそ 4000 色測色して rg 色度座標にプロットした結果を図 9.6 に示す．ここで，r, g は RGB 信号から次のように求める．

$$r = \frac{R}{R+G+B}$$
$$g = \frac{G}{R+G+B} \qquad (9.11)$$

この測色結果から肌色領域は，次のような確率楕円で表すことができる．

$$2(1-a^2)\eta \geq \frac{(r-\bar{r})^2}{\sigma_r^2} - 2a\frac{(r-\bar{r})(g-\bar{g})}{N\sigma_r\sigma_g} + \frac{(g-\bar{g})^2}{\sigma_g^2} \qquad (9.12)$$

ここで，

$$a = \sum_{i=1}^{N} \frac{(r_i-\bar{r})(g_i-\bar{g})^2}{N\sigma_r\sigma_g}$$

r, g は肌色色度の平均値，σ_r^2, σ_g^2 は分散である．また，η は確率を表す係数で $\eta=2.0$, $\eta=1.5$, $\eta=1.0$ でそれぞれ確率楕円 95%，84%，68% に対応する．

このような肌色を含む肌色色票を用いて，色変換マトリクスを作成し，その他の色については，一般の色票からマトリクスを作成し，色変換を行い画像を合成するのである．図 9.7 にこのプロセスを示す．一方，この手法をさ

138　第9章　異なったデバイス間の色変換

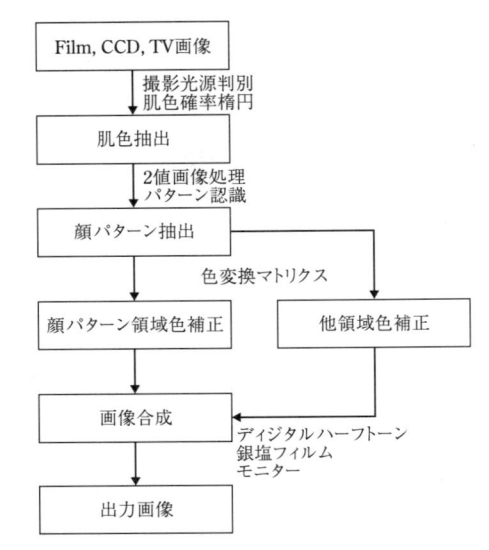

```
┌─────────────────────┐
│  Film, CCD, TV画像   │
└──────────┬──────────┘
           │ 撮影光源判別
           │ 肌色確率楕円
           ▼
┌─────────────────────┐
│      肌色抽出        │
└──────────┬──────────┘
           │ 2値画像処理
           │ パターン認識
           ▼
┌─────────────────────┐
│    顔パターン抽出     │─────────┐
└──────────┬──────────┘         │
           │ 色変換マトリクス      │
           ▼                    ▼
┌─────────────────────┐  ┌─────────────┐
│  顔パターン領域色補正  │  │  他領域色補正 │
└──────────┬──────────┘  └──────┬──────┘
           ▼                    │
┌─────────────────────┐         │
│      画像合成        │◄────────┘
└──────────┬──────────┘  ディジタルハーフトーン
           │              銀塩フィルム
           ▼              モニター
┌─────────────────────┐
│      出力画像        │
└─────────────────────┘
```

図 9.7　肌色再現を重視した色変換

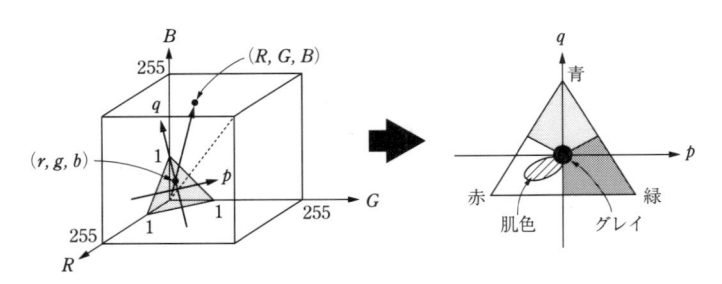

図 9.8　pq 座標による領域分割

らに応用した例について述べよう．この例では画像を色情報を用いて肌色，グレイ，R，G，B 5個の領域に分割（segmentation）する．セグメンテーションに用いる色座標系はどのように選択してもよいがここでは rgb から次のように pq 座標へ変換する．

$$\begin{bmatrix} p \\ q \end{bmatrix} = \begin{bmatrix} -\dfrac{1}{\sqrt{2}} & \dfrac{1}{\sqrt{2}} & 0 \\ -\dfrac{1}{\sqrt{6}} & -\dfrac{1}{\sqrt{6}} & -\dfrac{2}{\sqrt{6}} \end{bmatrix} \begin{bmatrix} r \\ g \\ b \end{bmatrix} \tag{9.13}$$

9.3 CRT画像からのハードコピーへの色変換

図 9.9 色情報を用いた (a) の画像の領域分割 (b)

pq 座標上で R, G, B およびグレイ，肌色領域は図 9.8 のように表せる．肌色は，確率楕円から求め，グレイは例えば以下のように定義する．

$$p^2 + q^2 \leq 0.15^2 \tag{9.14}$$

肌色の確率分布がグレイ，R, G, B と重複する場合には，肌領域を優先する．

このようにして，図 9.9(b) は (a) の画像を 5 個の領域に分割した例である．次に分割された領域ごとに色変換マトリクスを作成し，色変換を行い画像を合成するのである．このようにして色変換を行った場合には，領域分割なしに色変換した場合に比較して，色差が大幅に減少できることが報告されている．

一方，色変換における LUT（Look Up Table）は 2 つの色空間における対応する座標値の組を用いて色変換を行う手法である．LUT では対応する組がない場合には補間によってデータを決定する．LUT を作成するための補間としては，線形補間のほか，プリズム補間，CBS 補間などいろいろな手法が考えられている．また，neural network を用いて入力側と出力側で

表 9.1　35 mm フィルムにおけるフォト CD の解像度と使用目的

名　称	解像度	使用目的
16 BASE	2048×3072（ピクセル）	印刷用・高精細画像出力用
4 BASE	1024×1536（ピクセル）	ハイビジョン用
BASE	512×768（ピクセル）	一般テレビ用
1/4 BASE	256×384（ピクセル）	低解像度ディスプレイ用
1/16 BASE	128×192（ピクセル）	インデックス用

の色差が最小になるように学習を通して色変換を行う手法も報告されている．いずれの手法もデバイス間の色差を最小にすることを基本としている．しかし，色差が同一であっても色の見えが異なる場合もあり，これら測色的色再現を基本とする手法が最適とは限らない．すなわち，色覚特性，例えば第 11 章で説明する色順応などを考慮した色変換が必要である．

9.4　フォト CD における色変換

第 2 章で述べたように銀塩写真は，センサー，記録，表示が一つの材料で行え，かつその画質がきわめて優れている．フォト CD は写真の持つ優れた画質をディジタルデータとして提供することを目的に規格化された．35 mm フィルムを原画像としたフォト CD のデータは表 9.1 に示すように，その使用目的に応じるため 16 ベース，4 ベース，ベース，1/4 ベース，1/16 ベースの 5 種類の解像度で提供される．

フォト CD では，被写体を D_{65} 光源で照明し，その反射光を CCIR の勧告に従った分光感度を持つ撮像デバイスで撮影したとの仮定で色信号を定めている．RGB でスキャニングしたデータは，RGB のレベルに応じて (9.15)～(9.17)式に従って $R'G'B'$ に非線形ガンマ補正を行った後，(9.18)式にしたがって YC_1C_2 信号に変換する．

$$\left.\begin{array}{l} R,G,B>0.18 \\ R'=1.099R^{0.45}-0.099 \\ G'=1.099G^{0.45}-0.099 \\ B'=1.099B^{0.45}-0.099 \end{array}\right\} \quad (9.15)$$

$$\left.\begin{array}{l} R,G,B < -0.18 \\ R' = -1.099|R|^{0.45} - 0.099 \\ G' = -1.099|G|^{0.45} - 0.099 \\ B' = -1.099|B|^{0.45} + 0.099 \end{array}\right\} \quad (9.16)$$

$$\left.\begin{array}{l} -0.018 < R,G,B < 0.018 \\ \quad\quad R' = 4.5R \\ \quad\quad G' = 4.5G \\ \quad\quad B' = 4.5B \end{array}\right\} \quad (9.17)$$

$$\left.\begin{array}{l} Y = 0.299R' + 0.587G' + 0.114B' \\ C_1 = -0.299R' - 0.587G' + 0.886B' \\ C_2 = 0.701R' - 0.587G' - 0.114B' \end{array}\right\} \quad (9.18)$$

また，YC_1C_2信号は，ディジタル記録を行うため次式から0～255の値に変換される．

$$\left.\begin{array}{l} Y(8\text{ bits}) = \left(\dfrac{255}{1.402}\right)Y \\ C_1(8\text{ bits}) = 114.40C_1 + 156 \\ C_2(8\text{ bits}) = 135.64C_2 + 137 \end{array}\right\} \quad (9.19)$$

以上の変換より20％の反射率を持つグレイを撮影してフォトCDに記録した場合，$Y=79$, $C_1=156$, $C_2=137$となる．

フォト YCC 信号から，テレビ信号用の RGB への変換はSMPTE-240Mの変換式に基づき (9.20)式，(9.21)式により行われる．

$$\left.\begin{array}{l} Y'(8\text{ bits}) = 1.3584\,Y \\ C_1'(8\text{ bits}) = 2.2179(C_1 - 156) \\ C_2'(8\text{ bits}) = 1.8215(C_2 - 137) \end{array}\right\} \quad (9.20)$$

$$\left.\begin{array}{l} R(8\text{ bits}) = Y' + C_2' \\ G(8\text{ bits}) = Y' - 0.194C_1' - 0.509C_2' \\ B(8\text{ bits}) = Y' + C_1' \end{array}\right\} \quad (9.21)$$

こうして得られる RGB データは，反射率90％の白色で R, G, $B=235$ となる．したがって，計算機のモニターにテレビ信号用のフォトCDデータをそのまま適用すると反射率107％で R, G, $B=255$ となる．

図中:
入力光
インク層
紙層

ステップ
1: $i_{in}(x, y)$
2: $i_{in}(x, y)t(x, y)$
3: $[i_{in}(x, y)t(x, y)]*[rPSF_{paper}(x, y)]$
4: $i_{out}(x, y) = \{[i_{in}(x, y)t(x, y)]*[rPSF_{paper}(x, y)]\}t(x, y)$

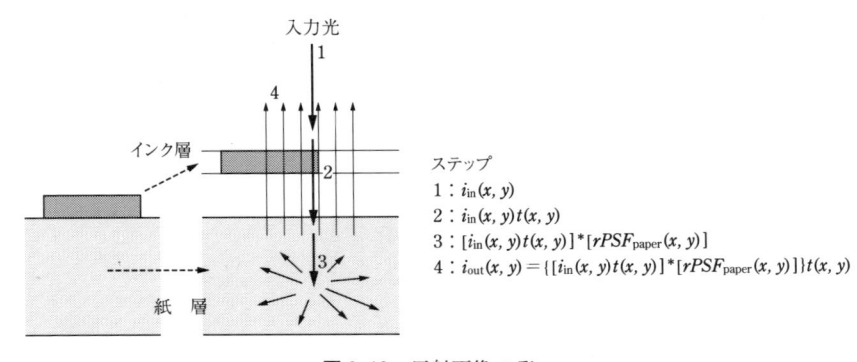

図 9.10　反射画像モデル

9.5　反射画像モデルによる濃度の再現予測

第2章で説明した Neugebauer, Yule-Nielsen, Murray-Davies 式などはいずれも，網点面積率あるいはドット面積と紙に再現される画像の三刺激値，濃度との関係を表すものであった．しかし，紙への転写において生ずるドットゲインのため再現色を正確に予測することは困難である．井上らによって提案された反射画像モデル（巻末文献，第8章 No.6）は，光学的ドットゲインを紙内部での光散乱で生じる PSF で表す興味深いモデルである．

図9.10に示されるように紙の上に透過率 $t(x,y)$ を持つインク層がある場合の反射率を考えてみよう．ここで (x,y) は座標を表す．入射光 $i_{in}(x,y)$ が，インク層を透過し紙内部で散乱しインク層を通して反射して来るとすれば，反射率 $i_{out}(x,y)$ は次のように表せる．

$$i_{out}(x,y) = [i_{in}(x,y) \times r \times t(x,y) * H(x,y)] \times t(x,y) \qquad (9.22)$$

また，反射濃度は $D(x,y) = -\log\{i_{in}(x,y)\}$ として求まる．

ここで $i_{in}(x,y)$ は入射光の強度，r は紙の反射率，$*$ はコンボリューションで，$H(x,y)$ は紙内部の散乱特性を表す PSF である（図9.10では，$PSF_{paper}(x,y)$ と表示）．8.3.5項で説明したように，紙の PSF は MTF の測定からすでに求められている．したがって，(9.22)式からドットゲイン，反射濃度を予測できる．図9.11は，紙の散乱特性が異なる場合，すなわち PSF の d が異なる場合の網点面積率とドットゲインの関係を点線で示す．

9.5 反射画像モデルによる濃度の再現予測

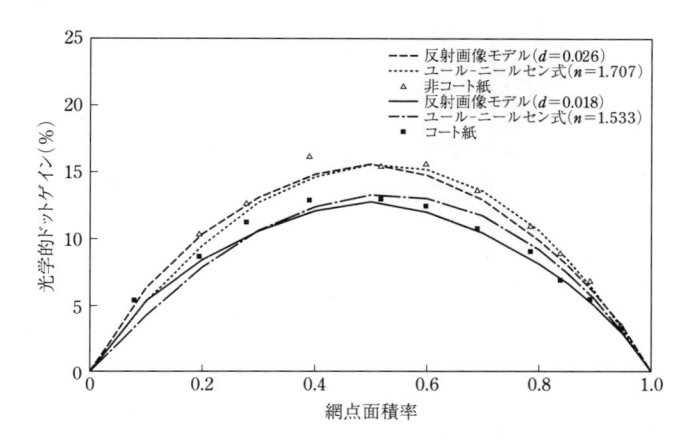

図 9.11 反射画像モデルと Yule-Nielsen 式による網点面積率とドットゲイン

表 9.2 反射画像モデルによる濃度の予測と測定値

スクリーン	(%)	コート紙 測定値	コート紙 予測値	非コート紙 測定値	非コート紙 予測値
25 lpi	50	0.32	0.33	0.36	0.34
150 lpi	25	0.18	0.19	0.21	0.21
150 lpi	50	0.44	0.46	0.51	0.51
150 lpi	75	0.82	0.86	0.97	0.96

この例では，線数は 150 lpi (本/inch)，$t=0.1$ の場合である．(……)，(-・-・-) は，Yule-Nielsen 式からの予測値である．モデルによる予測とよく対応していることがわかる．また，表 9.2 は，印刷用の網点コントロールストリップをコート紙，非コート紙上に置き実測した濃度と (9.22) 式から予測した濃度を示す．このモデルが正確に反射画像濃度を予測できることを示している．

9.6 Kubelka-Munk 式による再現濃度予測

インクが紙の上に記録されている場合の，反射濃度の予測に使用される Kubelka-Munk (K-L) 式について簡単に述べよう．K-L 理論は古くから色混合の予測式としても広く使用されている．図 9.12 に示すように膜厚 d のインクが紙の上に塗布されているとしよう．ここでは，(1) インクは厚さ一

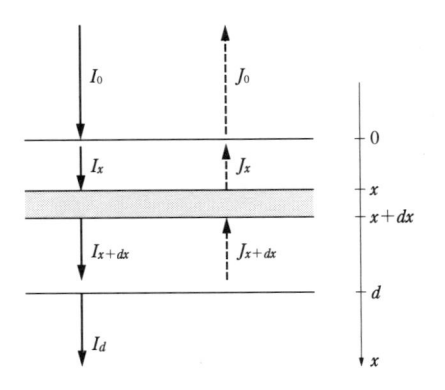

図 9.12 Kubelka-Munk 式による画像予測のモデル

定の平面で無限に広がっている，(2)インク層は等方，等質，(3)インク層中で光は完全散乱するなどの仮定をおく．いま，図のように入射方向の光強度を I_x，反射強度を J_x としよう．色材の厚さを d とし，表面からの距離 x と $\Delta x + x$ の間の微小区間での光の振る舞いを考える．K を吸収係数，S を散乱係数とする．微小区間 dx 層内での I_x の変化量 dI_x は dx 層内での散乱と吸収から，

$$dI_x = -(S+K)I_x dx + S J_x dx \tag{9.23}$$

同様に，dJ_x も次のように求められる．

$$dJ_x = (S+K)J_x dx - S I_x dx \tag{9.24}$$

2つの微分方程式を解き，境界条件を加えることにより一般解が求められる．

ここで $a=(S+K)/S$，$b=\sqrt{2SK+K^2}/S$ と置き C_1，C_2 を定数とすれば，

$$I_x = C_1(a+b)e^{bSx} + C_2(a-b)e^{-bSx} \tag{9.25}$$

$$J_x = C_1 e^{bSx} + C_2 e^{-bSx} \tag{9.26}$$

反射率 $R_x = J_x/I_x$ である．したがって，$x=d$ における反射率 R_d は，

$$R_d = \frac{1 - R_0(a - b \cosh bSd)}{a + b \cosh bSd - R_0} \tag{9.27}$$

ここで，

$$\cosh t = \frac{1}{2}(e^t + e^{-t}) \tag{9.28}$$

また，$R_0=0$, $d=\infty$ とすれば，

$$R_\infty = \frac{1}{a+b} = 1 + \frac{K}{S} - \sqrt{\frac{K^2}{S^2} + \frac{2K}{S}} \tag{9.29}$$

ここから，

$$\frac{K}{S} = \frac{(1-R_\infty)^2}{2R_\infty} \tag{9.30}$$

いま，紙と2種類のインクを重ねたとする．それぞれの吸収係数，散乱係数を K_i, S_i ($i=1,2,3$)，混合比を c_i とすれば混色後の吸収係数 K，散乱係数 S は，それぞれの吸収係数，散乱係数についての加法性が成立すると仮定すれば，(9.31)式が成立する．

$$\begin{aligned} K &= \sum_{i=1}^{3} c_i K_i \\ S &= \sum_{i=1}^{3} c_i S_i \end{aligned} \tag{9.31}$$

したがって，個々のインク，色材などの吸収係数，散乱係数を用いて(9.30)式から再現色を予測することが可能である．再現色予測には，モンテカルロシミュレーションなども用いられているが，それについては巻末文献(第9章 No.9)を参照されたい．

第10章

分光反射率の推定とその応用

前章で述べたように device independent color reproduction では，各デバイス間の三刺激値を一致させることが行われている．しかし，三刺激値は光源の分光放射率のほか，レンズや光電変換系など画像システムの分光特性にも依存する．したがって，真の意味でデバイスインデペンデントな色情報は，物体の分光情報である．すなわち，定量的に色の送受信，再現を考える場合には物体あるいは画像の分光反射率に基づいた扱いが必要である．

第4章で述べたように物体，画像の分光反射率あるいは分光放射率を測定するためには分光光度計，分光放射輝度計が利用される．しかし，これらの装置では物体の1点の分光情報が得られるのみで面としての情報は測定できない．そこで，面としての分光情報をどのように記録推定するかが重要である．本章では分光情報の記録推定とその応用について述べる．

10.1 分光反射率の主成分分析

第4章で説明したように，物体，画像の可視光域の分光反射率は通常 400 nm～700 nm の波長域で 10 nm あるいは 5 nm ごとのデータとして測定される．すなわち，分光反射率は 31 次元あるいは 61 次元の離散値，ベクトル $\boldsymbol{o}$ として表すことができる．

$$O(\lambda): \boldsymbol{o} = [o_1, o_2, \cdots o_n]^t \tag{10.1}$$

ベクトル $\boldsymbol{o}$ は，別のベクトル空間を張る直交規定ベクトル $\boldsymbol{u}$ により展開できる．

すなわち，

$$\boldsymbol{o} \cong \sum_{i=1}^{n} \alpha_i \boldsymbol{u}_i + \boldsymbol{m} \tag{10.2}$$

ここで m は平均値ベクトル，α は展開係数である．ここでは，直交基底ベクトルの導出に主成分分析を用いることを考える．主成分分析とは，ある母集団に対して分散がもっとも大きくなる基底ベクトルを第1主成分，それに直交する2番目に分散が大きくなる基底ベクトルを第2主成分として，以後同様に主成分を導出して直交基底ベクトルを決定する手法である．すなわち，主成分分析では，母集団の分散が大きい順に主成分を導出するため，高次元のデータを低次元データの線形和として近似することが可能である．

Parkkinen らは多数の Munsell 色票の分光反射率を測定しその主成分分析の結果，8個の主成分から分光反射率の推定ができることを示した．

一方，筆者らは胃粘膜色，肌色について多数の分光反射率測定を行い，その主成分分析から第1主成分から第3主成分を用いることによってそれらの分光反射率が99％復元できることを明らかにした．また，油絵の具の分光反射率の主成分分析の結果からは第5主成分までを用いることで99％の分光反射率が復元できることを示した．図10.1は，肌色，ホルベイン油絵の具の分光反射率測定例である．（胃粘膜分光反射率については第4章図4.3参照．）また，図10.2～図10.4に胃粘膜，肌色，油絵の具のそれぞれの主成分固有値ベクトル u と分光反射率推定の累積寄与率を示す．

10.2 電子内視鏡画像の分光反射率推定

3主成分で分光反射率が推定できるとの結果は，電子内視鏡あるいはテレビカメラの R，G，B 3バンドの情報から分光反射率が推定できることを意味する．ここでは，電子内視鏡画像から胃粘膜分光反射率の推定について述べよう．

図10.5に面順次式の電子内視鏡の構成図を示す．すなわち，この電子内視鏡は，光源の前に置かれた R，G，B 3個のフィルターを回転して色信号を記録する．図に示されるように胃粘膜の分光反射率：$O(\lambda)$，照明光源の分光放射率：$E(\lambda)$，光学系（ファイバー，レンズ）の分光透過率：$L(\lambda)$，フィルターの分光透過率：$f_i(\lambda)(i=R, G, B)$，CCD センサーの分光感度：$S(\lambda)$ とすれば，カメラ出力 $V_i(i=R, G, B)$ は次のように表すことができ

10.2 電子内視鏡画像の分光反射率推定

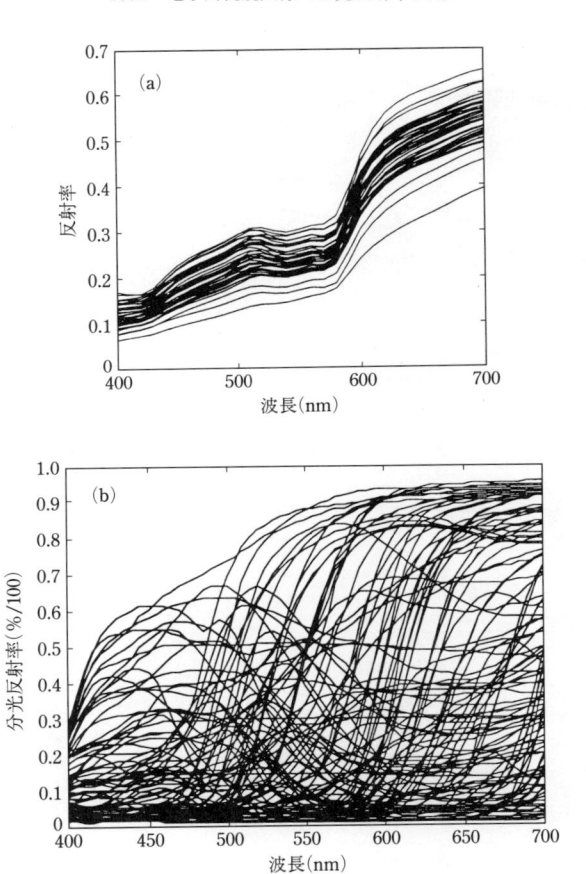

図10.1 分光反射率の測定例. (a) 肌色, (b) ホルベイン油絵の具

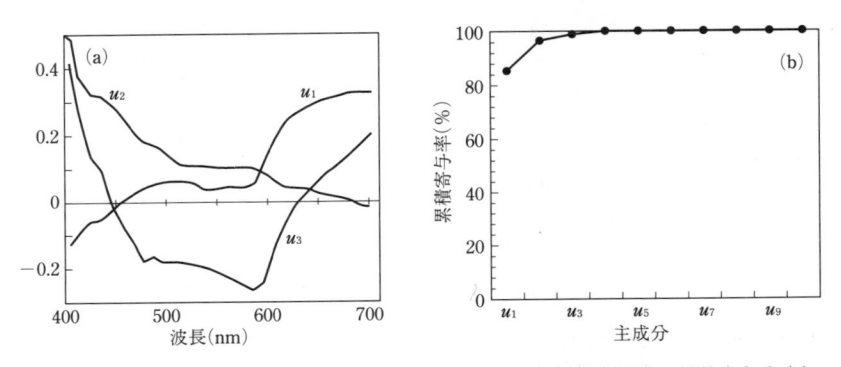

図10.2 胃粘膜分光反射率の主成分ベクトル(a)と分光反射率推定の累積寄与率(b)

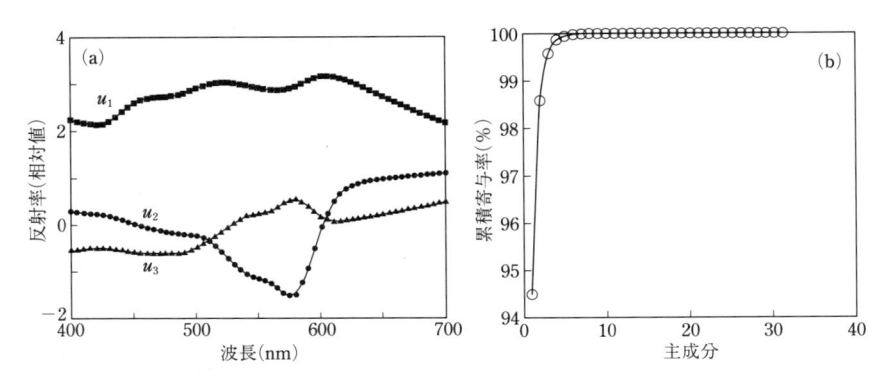

図 10.3　肌の分光反射率の主成分ベクトル(a)と分光反射率推定の累積寄与率(b)

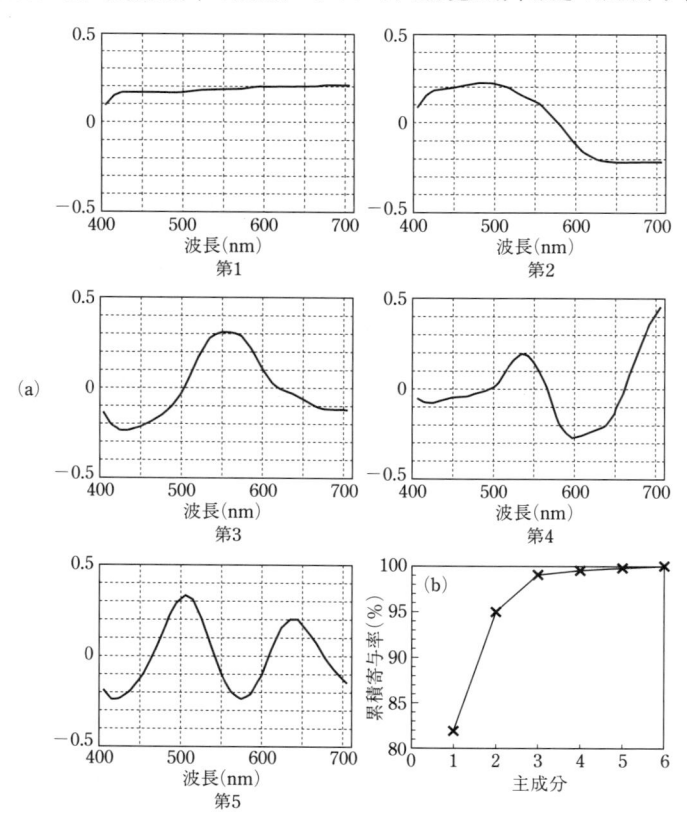

図 10.4　油絵の具の分光反射率の主成分ベクトル(a)と分光反射率推定の累積寄与率(b)

10.2 電子内視鏡画像の分光反射率推定

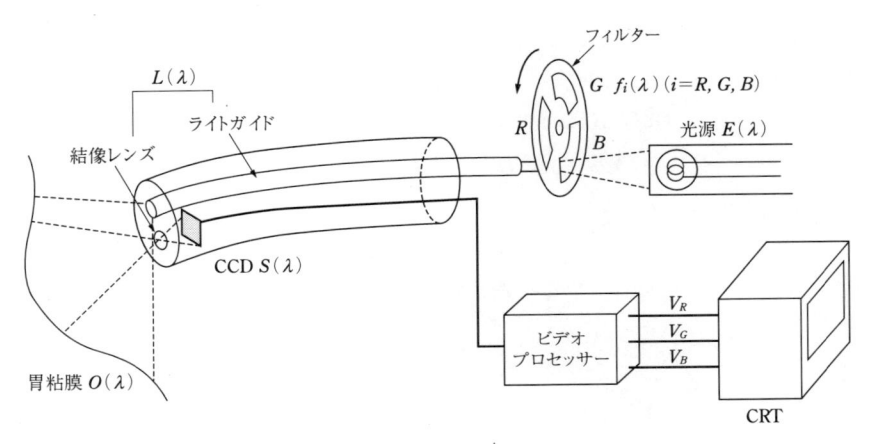

図 10.5 面順次式電子内視鏡の構成

る．ここで xy は物体の座標を表す．

$$V_i^{xy} = \int_{400}^{700} E(\lambda) O^{xy}(\lambda) L(\lambda) f_i(\lambda) S(\lambda) d\lambda \qquad (i=R,G,B) \qquad (10.3)$$

これらの連続量を次のような離散量で扱うとしよう．すなわち，

$$E(\lambda) : \boldsymbol{E} = \begin{bmatrix} e_1 & 0 & - & 0 \\ 0 & e_2 & & - \\ - & - & - & - \\ 0 & - & - & e_n \end{bmatrix}$$

$$f_i(\lambda) : \boldsymbol{f}_i = [f_{i1}, f_{i2}, \cdots, f_{in}]^t \quad (i=R,G,B)$$

$$L(\lambda) : \boldsymbol{L} = \begin{bmatrix} l_1 & 0 & - & 0 \\ 0 & l_2 & & - \\ - & - & - & - \\ 0 & - & - & l_n \end{bmatrix}$$

$$S(\lambda) : \boldsymbol{S} = \begin{bmatrix} s_1 & 0 & - & 0 \\ 0 & s_2 & & - \\ - & - & - & - \\ 0 & - & - & s_n \end{bmatrix}$$

$$O^{xy}(\lambda) : \boldsymbol{o}^{xy} = [o_1^{xy}, o_2^{xy}, \cdots, o_n^{xy}]^t$$

o については (10.1)式と同様であるが，ここでは物体の座標 (x, y) を考慮して表している．

したがって，(10.3)式は次のように表せる．
$$V_t^{xy} = f_i^t ELS o^{xy} = F_i^t o^{xy} \tag{10.4}$$
ここで t は転置，F は，
$$F_i^t = f_i^t ELS \tag{10.5}$$
で表される照明光源および電子内視鏡画像システムの分光積である．主成分分析の結果から，

$$o^{xy} \cong \sum_{i=1}^{3} \alpha_i u_i + m = [u_1\ u_2\ u_3]\begin{bmatrix}\alpha_1\\\alpha_2\\\alpha_3\end{bmatrix} + m \tag{10.6}$$

したがって，
$$\begin{bmatrix}v_R^{xy}\\v_G^{xy}\\v_B^{xy}\end{bmatrix} = \begin{bmatrix}F_R^t\\F_G^t\\F_B^t\end{bmatrix}\left\{[u_1\ u_2\ u_3]\begin{bmatrix}\alpha_1\\\alpha_2\\\alpha_3\end{bmatrix} + m\right\} \tag{10.7}$$

ここから，$\alpha_1, \alpha_2, \alpha_3$ は次のように求められる．
$$\begin{bmatrix}\alpha_1\\\alpha_2\\\alpha_3\end{bmatrix} = \begin{bmatrix}F_R^t u_1 & F_R^t u_2 & F_R^t u_3\\F_G^t u_1 & F_G^t u_2 & F_G^t u_3\\F_B^t u_1 & F_B^t u_2 & F_B^t u_3\end{bmatrix}^{-1}\left\{\begin{bmatrix}v_R^{xy}\\v_G^{xy}\\v_B^{xy}\end{bmatrix} - \begin{bmatrix}v_{Rm}\\v_{Gm}\\v_{Bm}\end{bmatrix}\right\} \tag{10.8}$$

ここで，
$$\begin{bmatrix}v_{Rm}\\v_{Gm}\\v_{Bm}\end{bmatrix} = \begin{bmatrix}F_R^t\\F_G^t\\F_B^t\end{bmatrix} m \tag{10.9}$$

すなわち，(10.8)式を(10.6)式に代入することにより R, G, B 信号，すなわちカメラ出力 V_R, V_G, V_B から胃粘膜のすべてのピクセルについての分光反射率が求められる．図10.6(a), (b)は，推定された胃粘膜分光反射率（太い実線）と実測値（細い実線）を示している．(c)は310個の測定値に対する推定値との色差 ΔE_{uv} である．図から平均色差 $\Delta E_{uv}^* = 2.60$ の高い精度で分光反射率が推定されていることがわかる．また，顔画像については HDTV カメラで撮影した R, G, B 信号から色差 0.60 で分光反射率の推

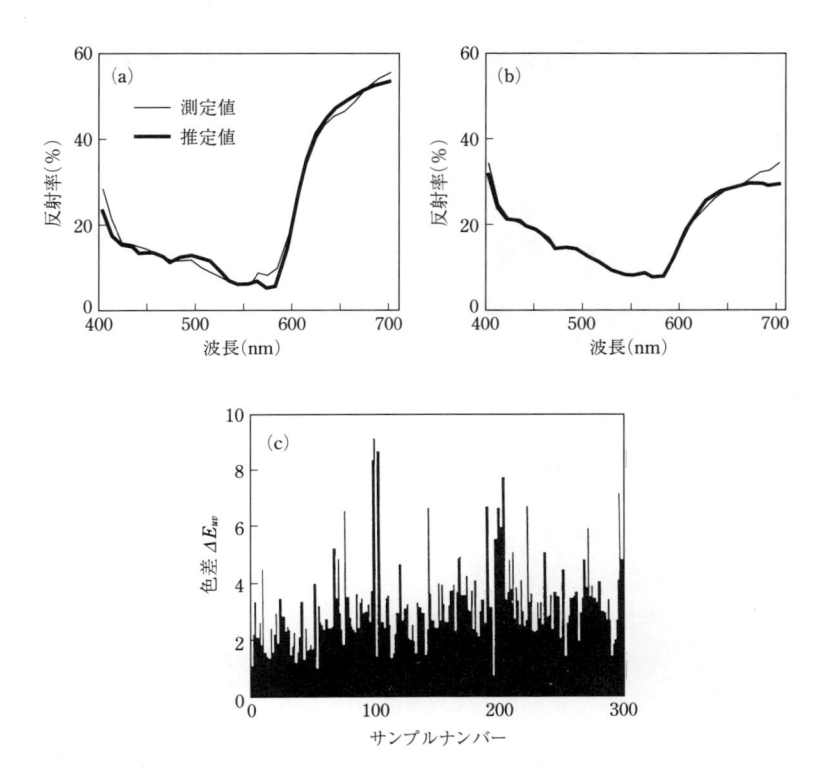

図 10.6 (a), (b) 第 1〜第 3 主成分を用いた胃粘膜分光反射率の推定,推定値:太い実線,測定値:細い実線,(c) 310 個の分光反射率推定値の測定値との色差

定を行うことができた.一方,美術品の高精細ディジタル記録と色再現向上を目的に開発した 5 バンドの CCD カメラ画像からも同様の手法により分光反射率の推定が行える.

10.3 分光情報を用いる色再現シミュレーション

物体の分光反射率 $O(x,y,\lambda)$ が求まれば,いろいろな色再現シミュレーションを行うことが可能となる.すなわち (10.3) 式から明らかなように照明光源,光学系,センサーなどの分光特性を任意に変化させたおりの色再現を予測することが可能となる.口絵 3 には光源の分光放射率 $E(\lambda)$ を CIE-A,

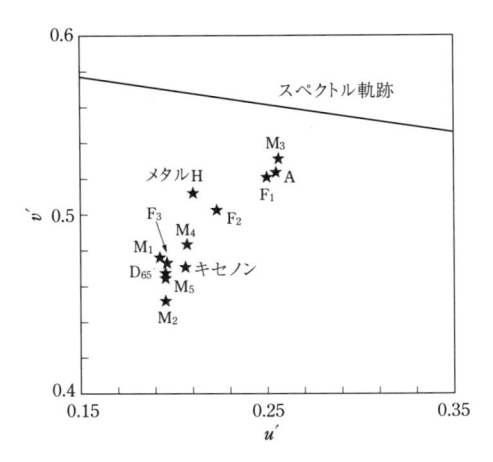

図 10.7 電子内視鏡画像の色再現シミュレーションに用いた光源の色度値

CIE-D_{65}，CIE fluorescent F_1，F_2，F_3，蛍光灯 M_1〜M_9，Xe ランプ，メタルハライド，Hg ランプ，Na ランプと計 18 種類変化させたおりの胃のポリープ画像の色再現シミュレーション画像を示す．図 10.7 は，用いた光源の色度値である．このような画像を，内視鏡医師が観測し，最適な光源を実際の装置を作ることなく決定することが可能となる．

10.4 分光反射率の Wiener 推定

物体の分光反射率は，Wiener 推定法を用いても推定できる．ここでは，Wiener 推定について説明する．主成分分析の結果，油絵の具の分光反射率推定には 5 バンドのデータがあれば十分である．すなわち，(10.4)式は次のように表せる．ここでは，簡単のため座標 (x,y) は考えない．

$$v_i = f_i^t ELSo = F_i^t o \quad (i=1,2,\cdots,5) \tag{10.10}$$

(10.10)式を，

$$\boldsymbol{v} = [v_1, v_2, \cdots, v_5]^t$$

$$\boldsymbol{F} = [(f_i^t ELS)^t]^t$$

として書き換えれば，

$$v = Fo \tag{10.11}$$

したがって，センサー応答の次元と波長の次元が同一であれば分光反射率 o は（10.11）式の逆行列から求まる．

$$o = F^{-1}v \tag{10.12}$$

しかし，ここではセンサー応答は 5 次元で波長は 31 次元あるいは 61 次元であり，不良設定問題となり逆行列は求まらない．このような場合の推定法として Wiener 推定法が使用される．いま，真の分光反射率を o_{real}，推定された分光反射率を o_{est}，F に対応する疑似逆行列を G と表そう．すなわち，(10.11)，(10.12)式は下記のように表せる．

$$o_{\mathrm{real}} = F^{-1}v \tag{10.13}$$

$$o_{\mathrm{est}} = Gv \tag{10.14}$$

したがって，o_{real}，o_{est} の最小自乗誤差 ε，

$$\varepsilon = \langle (o_{\mathrm{real}} - o_{\mathrm{est}})^t (o_{\mathrm{real}} - o_{\mathrm{est}}) \rangle \tag{10.15}$$

を最小とする推定行列 G を求めればよいことになる．ここで t は転置，$\langle\ \rangle$ はアンサンブル平均を表す．ε を最小にする推定行列は Wiener 推定から(10.16)式で与えられる．

$$G = R_{ov} R_{vv}^{-1} \tag{10.16}$$

ここで R は相関行列で，

$$\begin{aligned} R_{ov} &= \langle ov^t \rangle \\ R_{vv} &= \langle vv^t \rangle \end{aligned} \tag{10.17}$$

から計算できる．

10.5 マルチバンドカメラの設計

主成分分析，Wiener 推定から物体の分光反射率を推定するためには，マルチバンド画像を撮影することが必要である．ここでは，5 バンドカメラについて説明する．われわれが開発したカメラは，図 10.8 に示されるように 5 枚のフィルターを 3072×2060 のピクセルを持つ単板式 CCD カメラに装着し，フィルターを回転しながら各バンドの画像を撮影する方式である．CCD カメラでは，センサーである CCD の分光感度，レンズ系の分光透過

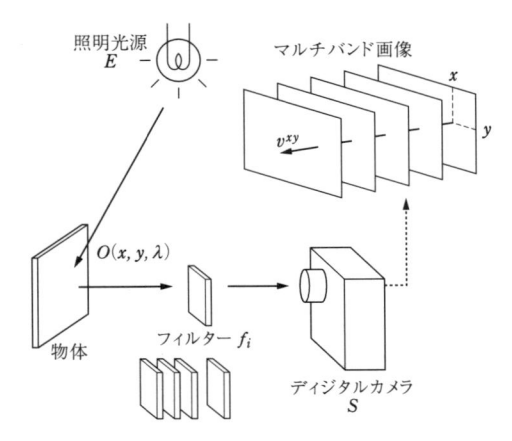

図 10.8　マルチバンド画像の構成

率は一義的に決定される．そこで，5 バンドのフィルターをどのように設計するかが問題である．フィルターの分光透過率最適化の手法を簡単に述べよう．

物理的に実現可能なフィルターの分光透過率を考慮して，フィルター形状を (10.18) 式に示すようなガウシアン分布を仮定する．

$$f_i(\lambda) = \exp\left[\frac{(\lambda - \lambda_{ci})}{\sigma_t^2}\right] \quad (i = 1, 2, \cdots, 5) \qquad (10.18)$$

ガウシアン分布では中心波長 λ_c と半値幅 σ でその形状が決定される．例えば，λ_{ci} が取りうる波長域を 380 nm から 780 nm とし，σ を 20 nm～420 nm 変化させる．図 10.9 に示されるように Wiener 推定とシミュレーテッドアニーリング法を用いて色差をコスト関数として最適化を行って得られた 5 枚のフィルターの分光透過率を図 10.10 に示す．理想的なフィルターを使えば，色差 1 以下で分光反射率が推定可能である．実際のカメラでは，このようなフィルターは用いることはできない．そこで，市販のフィルターの組み合わせの中で，色差が最小となるフィルター 5 枚を用いて，撮影した 5 バンド画像とこれらの 5 バンド画像を合成し，各ピクセルごとの分光反射率を推定し D_{65} 光源下で再現した画像を口絵 4 に示す（絵は牟田克巳氏のご好意による）．すなわち，電子内視鏡色再現シミュレーションで説明したように絵画

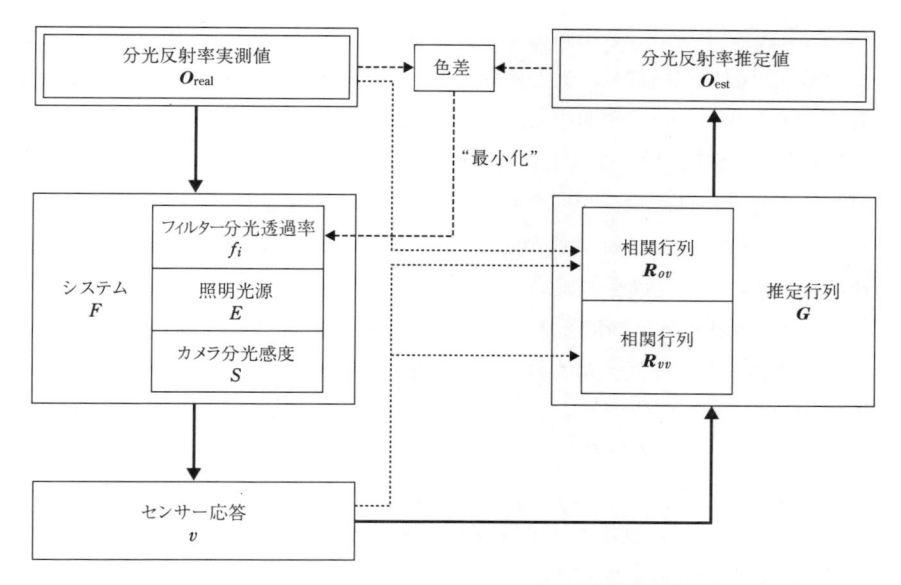

図 10.9 Wiener 推定によるフィルター分光透過率の最適化手法

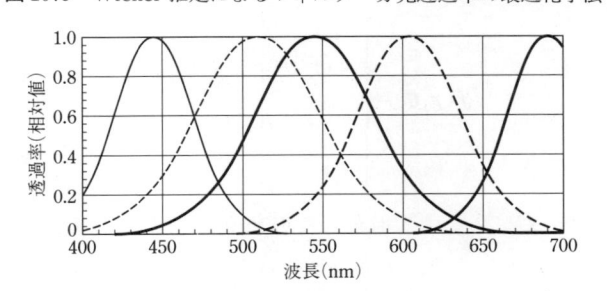

図 10.10 色差最小を与える推定されたフィルターの分光透過率

の画像についても同じようにさまざまな色変換処理が可能となる．

10.6 表面反射光と内部反射光

前節までに主成分分析と Wiener 推定により分光反射率推定が行えることを述べた．ここでは，分光反射率を内部散乱光と表面反射光に分けることなく推定を行った．第 4 章では，物体からの分光反射率は内部散乱光と表面反

射光を偏光フィルターを用いて分離できるということについて述べた．ここでは分光反射率が内部散乱光と表面反射光の線形和で表されることを仮定した2色モデルについて説明する．

物体の表面層が不均質誘電物質（inhomogeneous material）から構成されている場合には，物体からの反射光は図10.11に示されるように表面反射光（specular reflection）成分と内部散乱光（body reflection あるいは diffuse reflection）成分の線形和で表すことができる．このモデルは2色モデル（dichromatic model）と呼ばれる．分光反射率は角度に依存する．そこで，物体のある位置 r における分光放射輝度 $\boldsymbol{f}(\boldsymbol{r})$ は，角度パラメータの関数として，

$$\boldsymbol{f}(\boldsymbol{r},\boldsymbol{\theta})=\boldsymbol{f}_s(\boldsymbol{r},\boldsymbol{\theta})+\boldsymbol{f}_b(\boldsymbol{r},\boldsymbol{\theta}) \tag{10.19}$$

と表すことができる．ここで，添字 s, b はそれぞれ表面反射と内部反射ベクトルを表す．したがって，$\boldsymbol{f}(\boldsymbol{r},\boldsymbol{\theta})$ は，可視光領域での分光反射率を n 個に離散化した値をベクトルで表したものである．すなわち，

$$\boldsymbol{f}(\boldsymbol{r},\boldsymbol{\theta})=\begin{bmatrix} f_1(r,\theta) \\ f_2(r,\theta) \\ \vdots \\ f_n(r,\theta) \end{bmatrix} \tag{10.20}$$

と表せる．パラメータ θ は入射角，反射角などの光反射を記述する幾何学的パラメータである．また，表面反射光成分 $\boldsymbol{f}_s$ と内部反射光成分 $\boldsymbol{f}_b$ は，波長と幾何学的な成分に分けて考えることができる．したがって(10.19)式は,

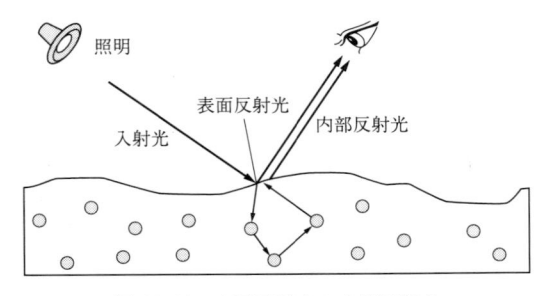

図10.11 表面反射光と内部反射光

$$f(r,\theta) = k_s(r,\theta)e_s + k_b(r,\theta)e_b(r) \qquad (10.21)$$

ここで e_s と e_b は，表面反射光特性と内部反射光成分を表す単位ベクトルであり，表面反射光成分は照明光源の分光特性を表している．これらの成分は角度によらず一定であると仮定する．また，$k_s(r,\theta)$，$k_b(r,\theta)$ は，角度に依存した物体の反射光強度を示す．

いま，分光放射率 E で照明された表面分光反射率 o_s，内部分光反射率 $o_b(r)$ を持つ物体の分光反射率について考えよう．(10.21)式は，

$$\begin{aligned}f(r,\theta) &= k_s(r,\theta)Eo_s + k_b(r,\theta)Eo_b(r) \\ &= k_s(r,\theta)\begin{bmatrix} E_1 & 0 & & 0 \\ & E_2 & & \\ & & \ddots & \\ 0 & & & E_n \end{bmatrix}\begin{bmatrix} o_{s_1} \\ o_{s_2} \\ \vdots \\ o_{s_n} \end{bmatrix} + k_b(r,\theta)\begin{bmatrix} E_1 & 0 & & 0 \\ & E_2 & & \\ & & \ddots & \\ 0 & & & E_n \end{bmatrix}\begin{bmatrix} o_{b_1}(r) \\ o_{b_2}(r) \\ \vdots \\ o_{b_n}(r) \end{bmatrix}\end{aligned} \qquad (10.22)$$

と表すことができる．

また，不均質誘電物質の表面では，表面反射は照明光源の分光放射率と等しいと仮定できる．すなわち，o_s は一定となる．また，照明光源の分光放射率は標準白色板の反射光を測定することにより得られる．

10.7 偏角分光測光

2色モデルに基づいて，多方向照明から撮影されたマルチバンド画像から表面反射光成分と，内部反射光成分の分離および分光反射率推定すなわち偏角分光測光について簡単に説明する．いま，異なった照明角度から撮影した分光画像 $f(\theta_i)$ の集合を n 次元空間でプロットすると e_s，e_b の張る平面は図 10.12 のような点列に分布する．e_s は，光源に対する分光画像を正規化した値であることから，先に述べたように標準白色板の反射光 o_w を測定することにより得られる．すなわち，

$$e_s = \frac{Eo_w}{\|Eo_w\|} \qquad (10.23)$$

また，ある角度以下での照明では表面反射光成分が除かれた状態で分光情報

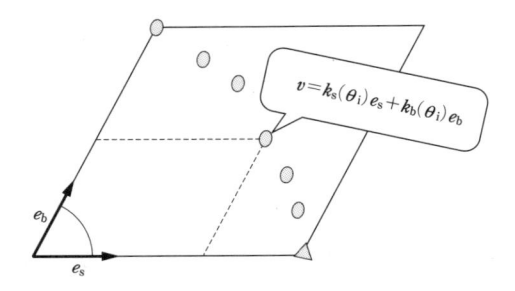

図 10.12　表面反射光と内部反射光の分離

の撮影が可能であるとすれば，

$$e_{\mathrm{b}} = \frac{\boldsymbol{f}(\boldsymbol{\theta}_i)}{\|\boldsymbol{f}(\boldsymbol{\theta}_i)\|} \quad \cdots\cdots \quad at \ \min\left[\frac{\boldsymbol{f}^t(\boldsymbol{\theta})\cdot\boldsymbol{e}_{\mathrm{s}}}{\|\boldsymbol{f}(\boldsymbol{\theta}_i)\|\|\boldsymbol{e}_{\mathrm{s}}\|}\right] \tag{10.24}$$

したがって，$\boldsymbol{f}(\boldsymbol{\theta}_i) = \boldsymbol{Eo}(\boldsymbol{\theta}_i)$ と置けば (10.24) 式は，

$$e_{\mathrm{b}} = \frac{\boldsymbol{Eo}(\boldsymbol{\theta}_i)}{\|\boldsymbol{Eo}(\boldsymbol{\theta}_i)\|} \quad \cdots\cdots \quad at \ \min\left[\frac{\boldsymbol{Eo}(\boldsymbol{\theta}_i)^t\boldsymbol{e}_{\mathrm{s}}}{\|\boldsymbol{Eo}(\boldsymbol{\theta}_i)\|\|\boldsymbol{e}_{\mathrm{s}}\|}\right] \tag{10.25}$$

となる．

また，多方向マルチバンド画像の画素位置 r における m バンドの画素値ベクトル $\boldsymbol{v}(r)$ は次のように表すことができる．

$$\begin{aligned}\boldsymbol{v}(r) &= \boldsymbol{H}\boldsymbol{f}(r,\boldsymbol{\theta}) = k_{\mathrm{s}}(r,\boldsymbol{\theta})\boldsymbol{H}\boldsymbol{Eo}_{\mathrm{w}} + k_{\mathrm{b}}(r,\boldsymbol{\theta})\boldsymbol{H}\boldsymbol{Eo}(r) \\ &= k_{\mathrm{s}}(r,\boldsymbol{\theta})\bar{\boldsymbol{e}}_{\mathrm{s}} + k_{\mathrm{b}}(r,\boldsymbol{\theta})\bar{\boldsymbol{e}}_{\mathrm{b}}(r)\end{aligned} \tag{10.26}$$

ここで $\boldsymbol{H}$ はマルチバンドカメラの分光特性を示すシステムマトリクスである．また，$k_{\mathrm{s}}(r,\boldsymbol{\theta})$，$k_{\mathrm{b}}(r,\boldsymbol{\theta})$，$\boldsymbol{e}_{\mathrm{s}}$，$\boldsymbol{e}_{\mathrm{b}}(r)$ は多方向照明で撮影されたマルチバンド画像と Wiener 推定から得ることができる．

多方向照明によるマルチバンド撮影では，一般にデータ量が膨大となるためある限定された角度から撮影が行われる．そこで，3 次元物体をリアルに生成するためには表面反射および内部反射光の角度変化をある関数で近似することが必要である．例えば，石膏のような物体では角度による反射光強度の変化は緩やかであり，金属光沢を持つ物体では反射強度の変化は急激である．このような反射率のモデルは数多く提案されているが，ここでは Phong モデルについて簡単に説明する．

Phong モデルでは，表面反射光強度 k_{s} と内部反射光強度 k_{b} を以下のよう

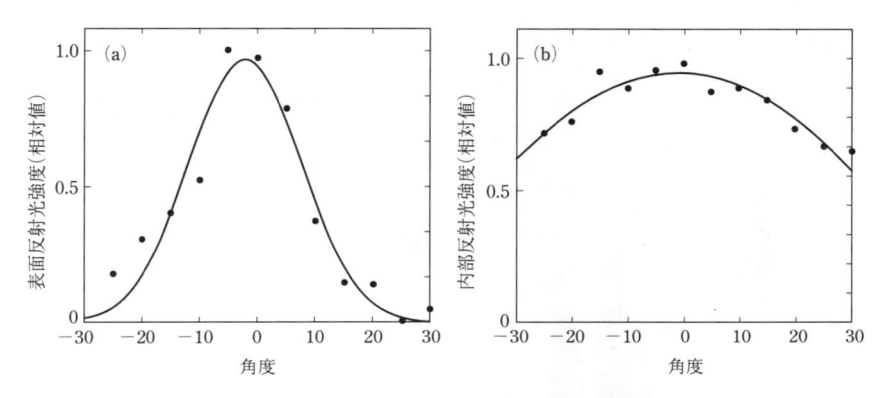

図 10.13 Phong モデルによる表面反射光強度と内部反射光強度分布の近似
(a) 表面反射成分，(b) 内部反射成分

に表す．

$$k_\mathrm{s} = A_\mathrm{s} \cos^n(\theta - \phi_\mathrm{s})$$
$$k_\mathrm{b} = A_\mathrm{b} \cos(\theta - \phi_\mathrm{b})$$
(10.27)

ここで θ は光源の角度，ϕ_s, ϕ_b は観測条件に依存する変数，n, A_s, A_b は物体の反射特性を表すパラメータである．図 10.13 は，表面反射 k_s と内部反射 k_b の実測値と (10.27) 式による近似の例である．

図 10.14 は，ある方向から撮影されたマルチバンド画像から 2 色モデルに基づいて物体の表面反射光成分 (a) と内部反射光成分 (b) を分離した例である．図は白黒画像であるためあまり明白ではないが，表面反射光による画像は色

図 10.14 偏角分光法により分離された表面反射画像 (a) と内部反射画像 (b)

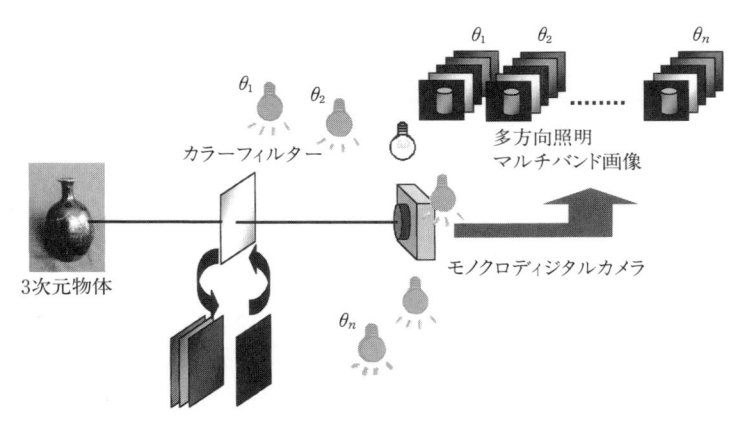

図 10.15 多方向マルチバンド画像の撮影システム

情報はほとんど含まれておらず,物体による光源の反射像が観測される.

また,図 10.15 は多方向照明による分光画像の撮影を模式的に示している.このような偏角分光測光,Phong モデルなどによる 3 次元物体の分光情報と反射光強度の記録と推定は今後,美術工芸品の記録などへ応用可能であろう.

第11章 視覚特性に基づく画像再現と評価

　画像は最終的には人間の視覚を通して観測される．したがって，視覚特性を考慮することがデバイスに依存せずより高精細な画像設計，色再現設計を考えるためにきわめて重要である．第6章では視覚の比較的低次のレベルの諸特性について述べた．ここではそれらを実際の画像設計へ応用することを考える．すなわち，視覚の周波数特性，色順応に基づく色再現，注視点解析の応用，顔パターン抽出とそれらに基づいた好ましい肌色再現について述べる．

11.1 色順応の予測と色再現

　第10章で述べたように肌色の分光反射率の主成分分析から，肌の分光反射率は第3主成分までで推定できる．そこで，図11.1に示されるようにカメラからの RGB 3チャンネルの信号から肌の各ピクセルでの分光反射率 O

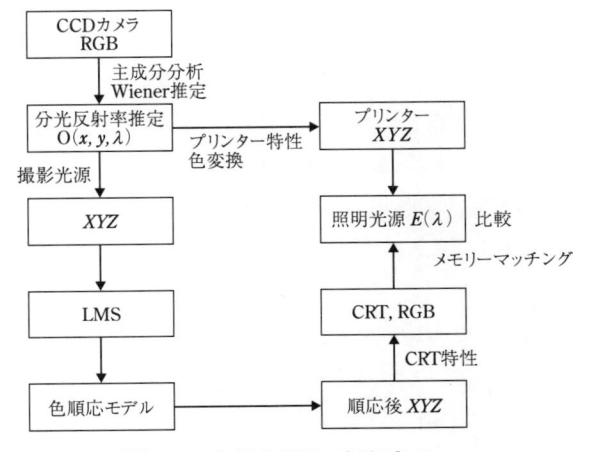

図11.1　色順応予測の実験プロセス

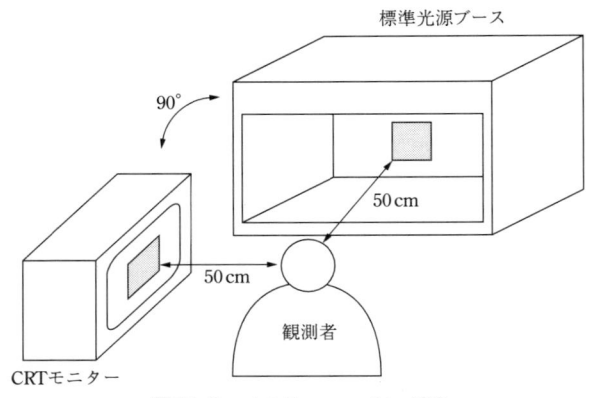

図11.2 メモリーマッチング法

(x, y, λ)を推定する．ここから，ある光源下での肌の三刺激値 XYZ を計算し，各順応モデルに基づき，順応後の三刺激値を求め CRT の変換式を通して順応後の肌画像を表示する．一方，肌と同一の三刺激値を持つような顔画像を銀塩写真プリンターに出力する．この顔画像をライトブースに置き任意の光源で照明し観測する．被験者は，その光源下で順応後，CRT 上に表示された各種順応モデルにより推定された画像を観測して順応した画像ともっとも近い画像を選択するのである．

観測には，図6.9 で説明した両眼隔壁等色法も用いることができるが，ここではメモリーマッチング法を用いた実験について述べる．観測者は，図11.2 のように照明ブース内に置かれた画像を各種光源下で観測し，それぞれの光源に順応後90度頭を回転して CRT に表示された画像といま記憶した画像を比較する．CRT には，各種色順応モデルに基づき色変換された画像を表示し，観測者は記憶画像にもっとも近い画像をそこから選択する．このような実験を被験者10名について肌色色票と顔画像について行った．

実験条件は
(a) 照明ブース：Macbeth Spectral Light II（ブース内の壁面は黒紙で覆われている）CRT：SONY GDM-2000TC 20 inch．
(b) 画面輝度：62.5 cd/m² （$R = G = B = 255$ としパッチを中央部に表示したおりの平均輝度）．

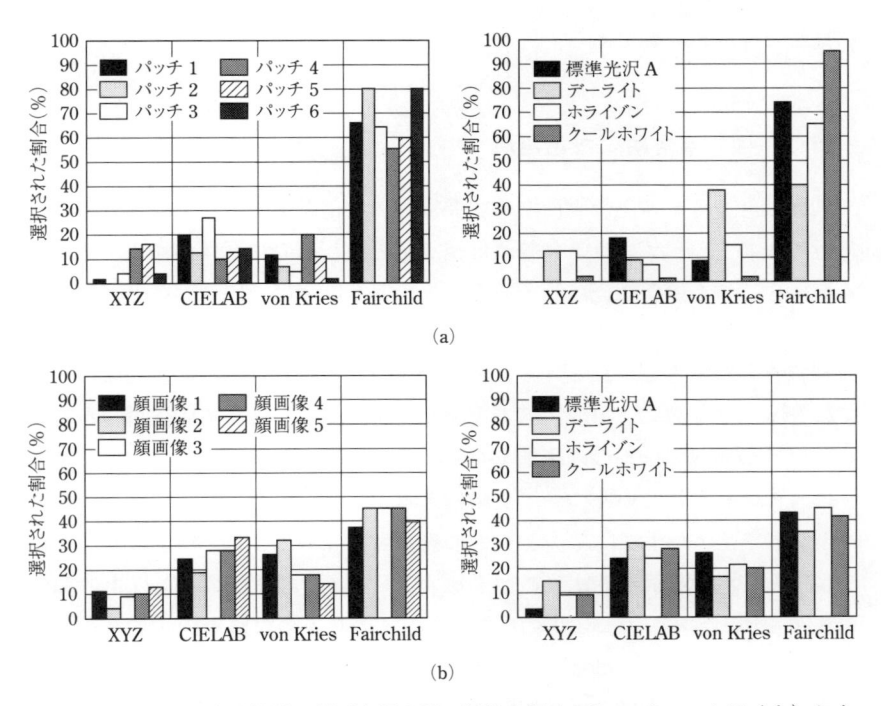

図 11.3 色順応の実験結果の例（光源 3 種：標準光源 A, D_{65}, クールホワイト）および 3 種の順応モデルと測色的色再現の比較．(a) 肌色色票 6 種に対する結果, (b) 顔画像 5 種に対する結果

図 11.3 は 3 種の光源, A 光源, D_{65} 光源（デーライト），クールホワイト照明下における von Kries, Fairchild (RLAB'96), CIELAB および順応を考慮しない XYZ モデル下での (a) 肌色色票 6 種, (b) 5 名の顔画像に対する評価結果である．XYZ モデルとは，照明ブース内でのオリジナルの三刺激値と CRT モニター上に再現された画像の三刺激値を同一にする再現である．口絵 5 に A 光源およびデーライトで照明された顔画像の順応後の予測画像の例を示す．図から順応を考慮しない XYZ による評価はもっとも悪く，色票，顔画像とも Fairchild モデルがもっとも高い評価を得た．しかし顔画像での評価は，色票による評価ほどには各モデル間で明確な差異は得られていない．順応モデルが，色票の評価から構築され，顔のようなパターンがある場合のモデルではないことがその要因である．パターンを含む順応モデル

の構築は今後の課題である．

11.2 注視点を用いた色再現

画像設計を考える上で画面中の主要被写体が何かを知ることが重要である．最近のカメラ，ビデオカメラ等には視点を追跡しその被写体に焦点を合わせる機能を持つものが販売されている．先の 6.5 節では，眼球運動と注視点測定について述べた．注視点は，画面中の主要被写体，すなわちもっとも重要な情報を含むと考えられる．そこで，画像の注視点を解析し注視領域についてはシャープネス，色再現，階調再現などを十分に考慮して画像再現を行い，それ以外の領域では画像の圧縮を行うことを考えてみよう．以下には，筆者らによって行われたいくつかの実験例を示す．

6.5 節で述べた手法に基づき 6 人の被験者により SCID 4 枚を含む 7 枚の画像を CRT に表示して注視領域を測定し，注視の頻度が 50％以上の領域を注視領域と定義した．10×10 のセル内での 6 人の被験者の平均注視領域からのずれ（セル数）は最大でも 4 以下，すなわち 4％以下であった．このことは，一般的な画像では注視領域は個人の差異にあまり依存しないことがわかる．

図 11.4 は，図 6.13 に示した結果に基づき SCID woman の画像を，(b)注視点内部の領域，(c)は注視点外部領域，(d)すべての領域をそれぞれ平均値フィルターにより処理した画像の例である．7 種類の画像について同様な処理を行い画質の主観評価を行った結果を図 11.5 に示す．注視内の画像領域をぼかした画像の評価値は，注視領域外部をぼかした画像の評価値に比べて低いことが明らかである．その他，注視領域内，外および画面全体を JPEG 圧縮，ノイズ付加，色変換などにより処理を行ったが，いずれも図 11.5 と類似した傾向が見られた．すなわち，注視情報は画像設計や圧縮の他画像評価にも適用できる．

一般に用いられる階層的な伝送は，画面全体に対して情報量を段階的にふやしながら行う．これに対して，注視領域が画像の重要な領域であることに注目し，注視情報を先に伝送するのである．図 11.6 に 5 段階階層画像，図

11.2 注視点を用いた色再現

(a) 原画像

(b) 注視領域を劣化

(c) 注視領域外を劣化

(d) 全体を劣化

図 11.4 (a) の画像を (b) 注視領域内, (c) 注視領域外, (d) すべての画素について平均値フィルターでぼかした画像

■ フルーツ
● 女性
▲ チャート
◆ 蘭 (らん)
} SCIDチャート

□ 少女
○ 女性ポートレート(1)
△ 女性ポートレート(2)

横軸: 原画像, 注視領域内, 注視領域外, 全体（圧縮した領域）
縦軸: 主観評価値

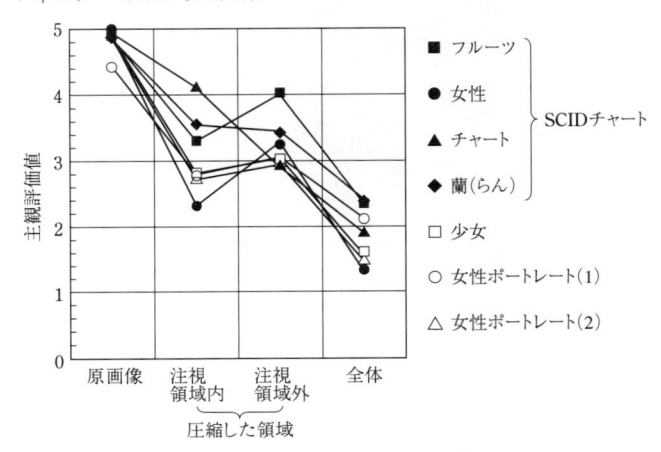

図 11.5 7種の画像に対する評価結果

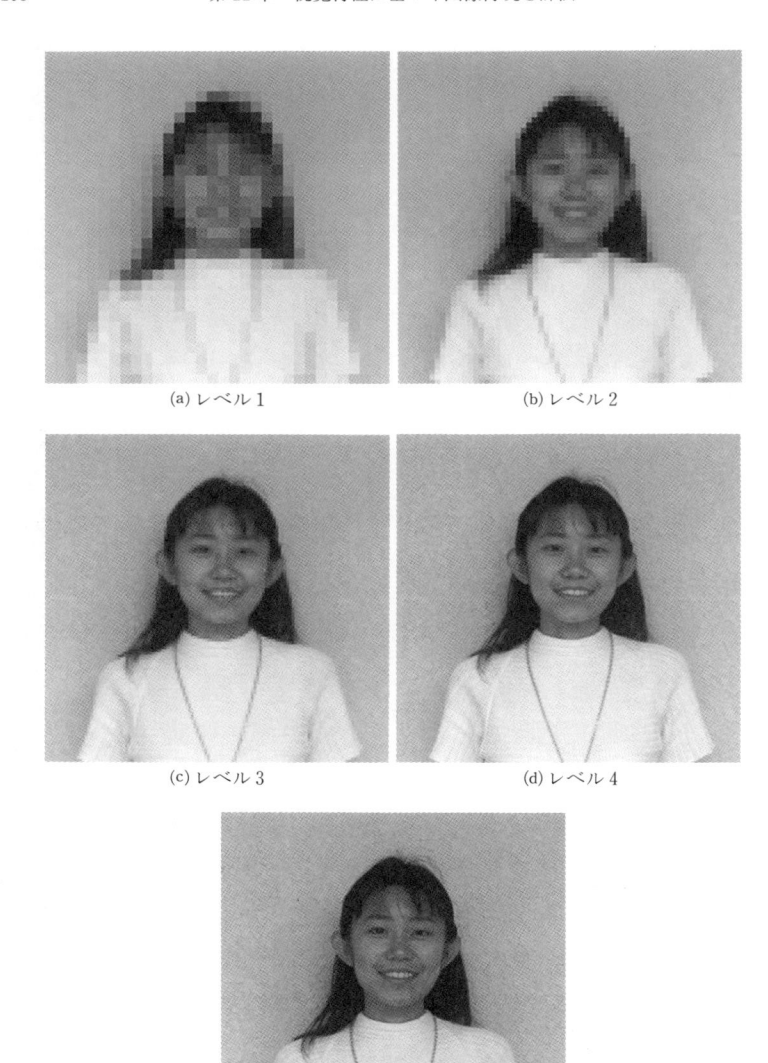

168 第 11 章 視覚特性に基づく画像再現と評価

(a) レベル 1

(b) レベル 2

(c) レベル 3

(d) レベル 4

(e) レベル 5

図 11.6 階層型圧縮画像の例

11.2 注視点を用いた色再現

(a) レベル1

(b) レベル2

(c) レベル3

(d) レベル4

(e) レベル5

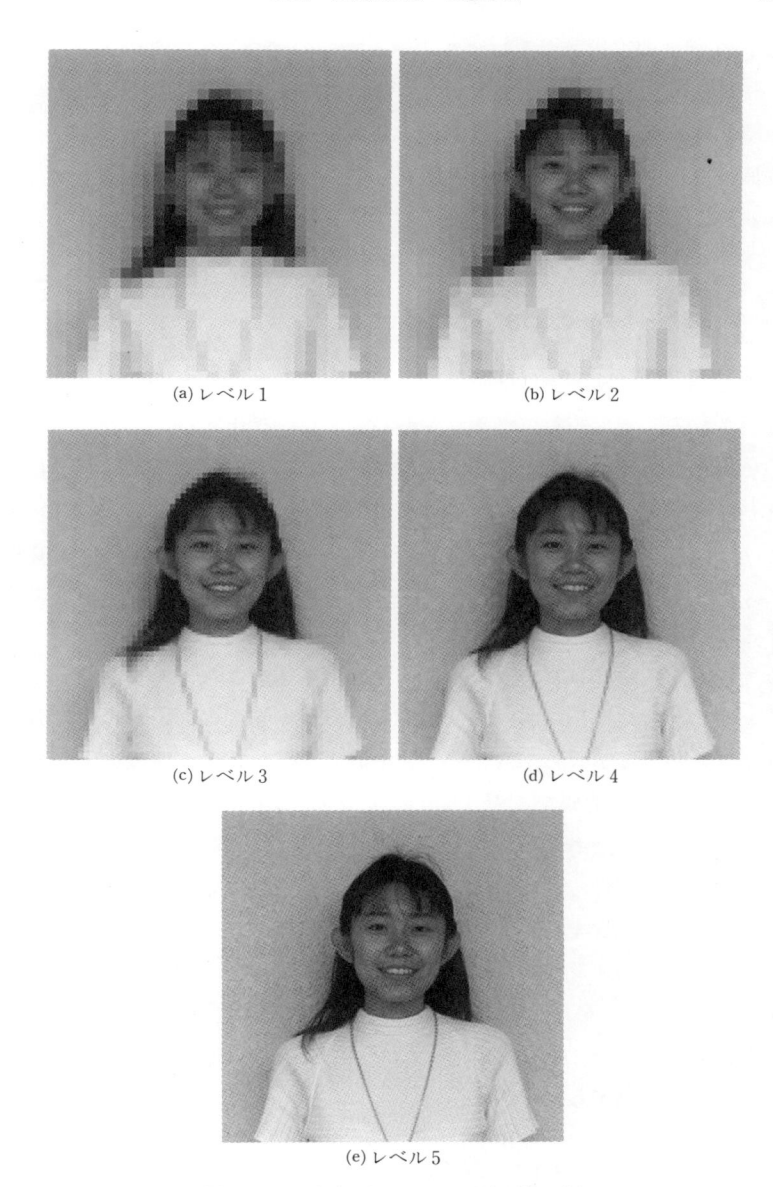

図 11.7 注視領域を用いた圧縮画像の例

11.7に注視情報を用いた5レベルの圧縮画像の例を示す．このような，2種類の圧縮画像を用いて画像検索を行った結果，注視情報を用いることにより検索時間の短縮とメモリーの圧縮ができることが報告されている．このような手法は注視情報があらかじめ予測できる場合には画像伝送や圧縮への応用にきわめて有効であろう．

11.3 顔パターンの抽出

　前述したように画面中に顔パターンが撮影されている場合には，その領域が注視される．すなわち，画面から顔領域を自動抽出することはハードコピーの色再現，色補正やネガフィルムのプリント時における露光制御においてもきわめて重要である．顔画像の抽出については，これまでパターン認識，ロボットビジョンなどの分野でも広く研究されている．ここでは，筆者らが行ってきた色情報を用いるネガカラーフィルムからの顔パターンの抽出法について述べる．

　カラーフィルムは日常いろいろな照明光下で撮影される．したがって，色情報を顔パターン抽出において使用するには撮影光源の同定が重要である．カラーフィルムはR, G, B 3種の分光情報を持つ乳剤が現像によりC, M, Y色素を発色し色情報を記録する．したがって，光源の分光的な同定はできない．しかし，gray to gray というカラーフィルムの色再現を考えればタングステン，蛍光灯，デーライト光の判別ができれば意味がある．

　タングステン，蛍光灯，デーライト光下で照明された多数の物体のネガカラーフィルム上の平均的なR, G, B濃度累積密度分布を図11.8に示す．図から各$CDF_i (i=R, G, B)$で囲まれる面積が光源により大きく異なっていることがわかる．そこで，CDF_R, CDF_G, CDF_Bで囲まれる面積S_{GR}, S_{BG}を次のように計算する．

$$\left. \begin{aligned} S_{GR} &= \int_0^{255} (CDF_R - CDF_G) ds \\ S_{BG} &= \int_0^{255} (CDF_B - CDF_G) ds \end{aligned} \right\} \quad (11.1)$$

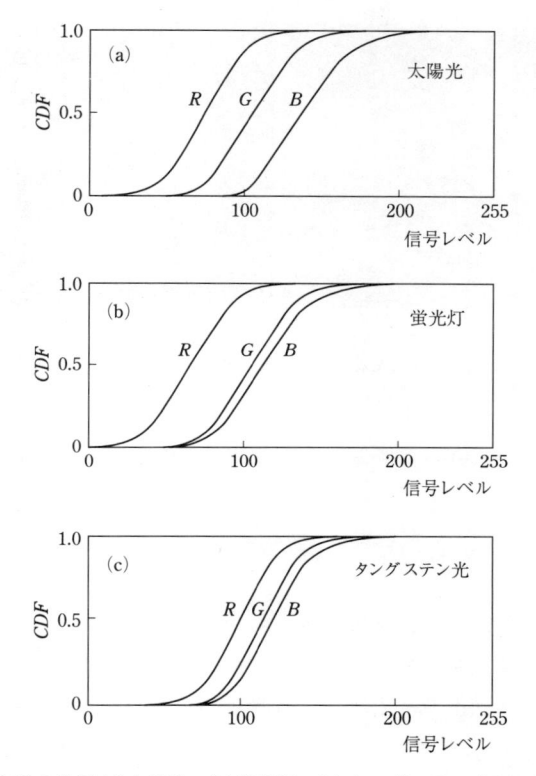

図 11.8 3 種の光源 (a) 太陽光, (b) 蛍光灯, (c) タングステン光下で撮影された
ネガカラーフィルム R, G, B 濃度累積密度分布

220 シーンについての分類の結果, 誤判別は 14 シーン, すなわち 95.6 ％の正解で光源が 3 種の光源に分類できたとの報告がある. 誤判別は特異なシーン, 例えば芝生の中に赤い花があるような場合である. したがって, あらかじめ多数の顔色あるいは肌色色票を種々の光源下で撮影し, その色度分布を撮影光源, ネガフィルムの濃度レベル別に確率楕円としてデータベース化することにより, 肌色の抽出が可能となる.

抽出した肌色領域から顔に関する重心, 軌跡長, 面積など 12 個の形状情報の導入と孤立点除去, 伸縮膨張など 2 値画像処理を行うことによって原画像からほぼ完全に顔領域を抽出することができる. 図 11.9 はこのプロセスによって蛍光灯下で撮影されたネガカラーフィルムから抽出した顔画像の例

図 11.9 抽出された顔画像の例．(a) 原画像，(b) 顔画像の抽出

である．図において(a)は原画像，(b)は抽出された顔画像である．

11.4 好ましい肌色

多くの色の中で，肌色，芝生の緑，青空の色は，われわれの日常生活においてしばしば接する色であることから，その色再現は重要である．とくに，上述したようにポートレート画像では顔色の色再現がもっとも重要視されている．抽出された顔パターン領域の色を均等色空間 $L^*u^*v^*$ 上で，図 11.10 に示されるようにメトリックライトネス L^* を ΔL^*，Hue angle を Δh_{uv}，メトリッククロマを ΔC^*_{uv}，それぞれ変化させた多数の画像を作成しそれらを評価することによって黄色人，白人，黒人の好ましい肌色分布測定の報告がある．このように作成された肌色画像の一例を口絵 6 に示してある．主観評価実験により得られた好ましい肌色の分布を $u'v'$ 色度図上に確率楕円として図 11.11 に示す．好ましい肌色は人種によらず重複している割合が大きいが，彩度は黒人がもっとも高く，次に黄色人で白人は低い．

(1) 色相方向での人種間の差異は少なく，3 人種とも好ましい肌色は主波長 580 nm～590 nm の範囲にある．
(2) L^* は白人がもっとも高く黒人が低い．

これらの実験結果はわれわれの直感ともよく一致している．また，黄色人種の好ましい肌色分布範囲は，他の人種と比較すると許容度が低い結果が得

11.4 好ましい肌色

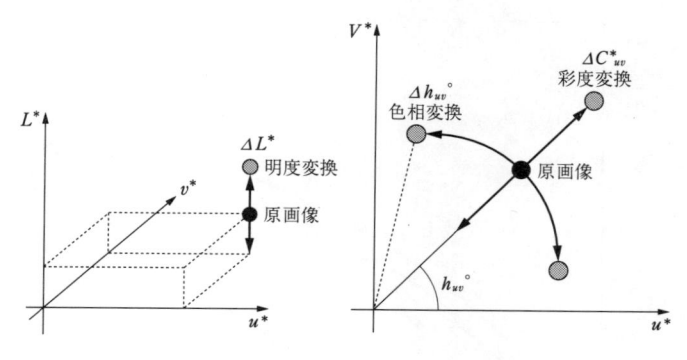

図 11.10 肌色領域の色変換処理

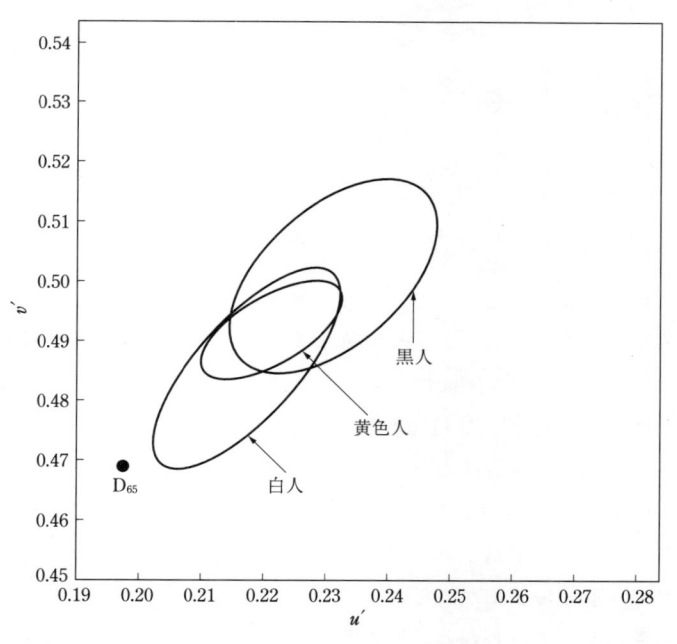

図 11.11 代表的な白人，黒人，日本人（黄色人）に対する好ましい肌色の分布

られた．被験者がいずれも日本人であるため黄色人種の肌色についてより厳密な記憶色を有していることが要因であろう．一方，別に市販のグラビア印刷 387 点の肌色の色度分布を測定した結果を図 11.12 に示す．図 11.11 との比較から明らかなようにその色度分布はハードコピーに対する好ましい肌色

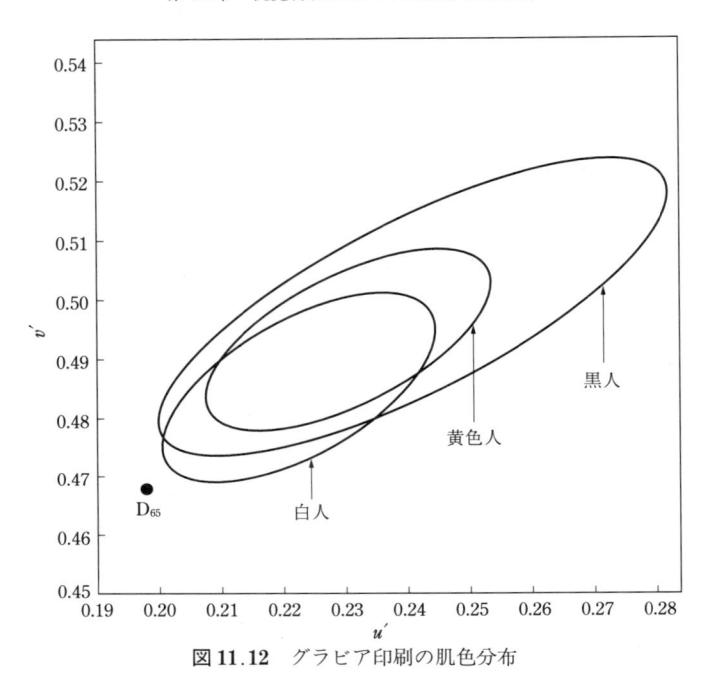

図 11.12 グラビア印刷の肌色分布

の評価結果とほぼ対応している．このことから，現在の印刷は経験的に好ましい肌色の再現をしていることが理解できよう．好ましい肌色は背景色，背景のパターン，顔領域の画面に占める割合，記憶，紙質など多くの要因により影響される．例えば，図 11.13 は，肌色に見える色を矩形パターンと顔パターンについて，主観評価実験により測定し色度図上にその色域を示したものである．また，図 11.14 は同様な実験をバナナについて行った結果である．いずれも，パターン形状がある場合に，許容できる，すなわち肌色，バナナ色と認識できる色域が広がっている．このような，簡単な実験からも色が形状に左右されることがわかる．好ましい色は，記憶色とも密接に関係するきわめて複雑な問題であり検討課題は多い．

終わりに

ディジタルイメージングの研究開発が進み低価格で画質の優れた CCD カメラやカラーハードコピーが広く市場に出回るようになった．しかしながら，

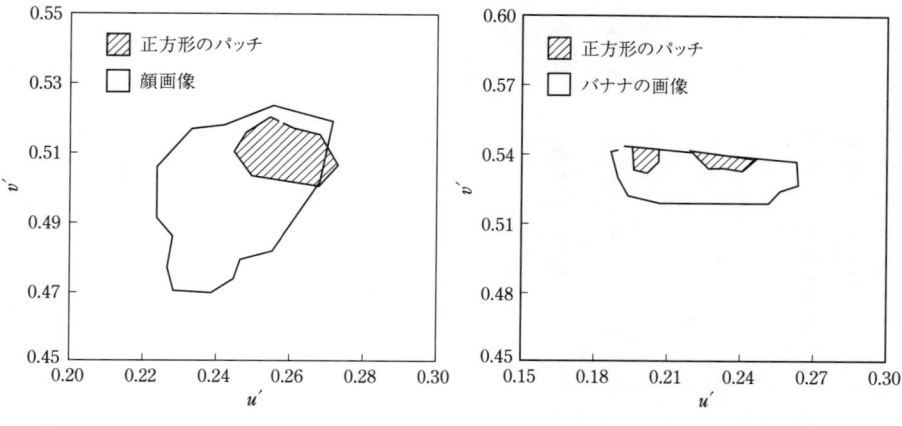

図 11.13 パターンが肌色の見えに与える影響

図 11.14 パターンがバナナの色の見えに与える影響

印刷のプリプレス，デザイン，医療などの分野ではさらに高画質，とくに高精度の色再現を持つディジタルイメージングシステムが要求されるようになった．本書では視覚特性，感性を考慮したディジタル画像の再現と解析評価についての基礎と著者の研究室での最近の研究を中心に応用例などとともに述べた．ディジタル画像では入力の特性が不明のまま画像再現を考えることがしばしば要求される．すなわち，どのような観点から色再現，階調再現などを考えるか明確な指針がないのが現状である．本書がこのような新しい時代の画像設計を行う上で参考になれば幸いである．

文献

(*参照順に掲載した)

第1章 マルチメディア時代の画像再現

(a) 本書全体を通して参考にした著書

1. 日本色彩学会編 (1998):新編色彩科学ハンドブック [第2版], 東京大学出版会.
2. 日本写真学会, 日本画像学会編 (1998):ファインイメージングとハードコピー, コロナ社.
3. 応用物理学会, 光学懇話会編 (1986):色の性質と技術, 朝倉書店.
4. R. W. G. Hunt (1987):The Reproduction of Color, Fountain Press, England.
5. R. Ulichney (1987):Digital Halftoning, The MIT Press.
6. T. H. James, ed. (1977):The Theory of the Photographic Process (Fourth Edition), Macmillan.
7. G. Wyszecki and W. S. Stiles (1982):Color Science, John Wiley & Sons.
8. C. N. Proudfoot, ed. (1997):Handbook of Photographic Science and Engineering, IS & T.
9. J. C. Dainty and R. Show (1974):Image Science, Academic Press.
10. 日本写真学会編 (1998):写真工学の基礎-銀塩写真編, コロナ社.
11. 三宅洋一 (1989):画像解析評価の基礎と応用, 応用技術出版.
12. 応用物理学会, 光学懇話会編 (1975):生理光学, 朝倉書店.
13. 日下秀夫編 (1997):カラー画像工学, オーム社.
14. テレビジョン学会編 (1990):テレビジョン画像情報工学ハンドブック, オーム社.
15. W. K. Pratt (1978):Digital Image Processing, John Wiley & Sons.
16. J. A. C. Yule (1967):Principles of Color Reproduction, John Wiley & Sons.
17. R. C. Gonzalez and R. E. Woods (1992):Digital Image Processing, Addision Wesley.
18. 記録記憶技術ハンドブック編集委員会編 (1992):記録記憶技術ハンドブック, 丸善.
19. 大田 登 (1997):色再現工学の基礎, コロナ社.
20. B. A. Wandell (1995):Foundations of Vision, Sinauer.

(b) **本書全体に関連する著者の執筆した学会誌**

1. 三宅洋一 (1989)：ハードコピーの画質評価, テレビジョン学会誌, **43**(11), 1212-1217.
2. 三宅洋一 (1990)：ハードコピーにおける色再現理論の展開, 電子写真学会誌, **29**(3), 284-295.
3. 三宅洋一 (1991-94)：画像解析基礎と応用(No.1〜No.10), 日本印刷学会誌, **28**(1)〜**31**(2)まで連載.
4. 三宅洋一 (1992)：画像処理技術−最近の話題, 日本写真学会誌, **55**(4), 446-455.
5. 三宅洋一 (1992)：ハードコピーの色再現−最近の話題, 光学, **21**(12), 858-862.
6. 三宅洋一, 三橋哲雄, 金澤 勝 (1993)：カラー画像の画質と評価, テレビジョン学会誌, **47**(11), 1518-1524.
7. 三宅洋一 (1996)：マルチメディア時代の画像再現, 日本写真学会誌, **59**(1), 226-234.
8. 三宅洋一 (1998)：色知覚と色彩メディア処理 (IV)−分光情報の記録とハードコピーの色再現, 電子情報通信学会誌, **81**(12), 1245-1253.

第2章 写真, 印刷, テレビの色再現

1. 日本写真学会編 (1998)：写真工学の基礎−銀塩写真編, コロナ社.
2. テレビジョン学会編 (1990)：テレビジョン画像情報工学ハンドブック, オーム社.
3. J. A. C. Yule (1967)：Principles of Color Reproduction, John Wiley & Sons.
4. 井上信一, 津村徳道, 三宅洋一 (1998)：印刷用紙の点拡がり関数測定と光学的ドットゲインの解析, 日本印刷学会誌, **35**(4), 189-196.
5. 三枝尚一, 羽石秀昭, 三宅洋一 (1994)：変形された Neugebauer 方程式による印刷画像の測色的解析, 日本写真学会誌, **57**(4), 231-239.
6. W. Naing, Y. Miyake and S. Kubo (1988)：Analysis of tone reproduction characteristics for inkjet images by a modified Yule-Nielsen equation, *J. Imaging Technol.*, **14**(1), 6-11.
7. Y. Miyake, M. Fukumoto and N. Tsukada (1988)：A new interpolation method of television pictures for compact printing systems, *J. Imaging Technol.*, **14**(4), 95-99.

第3章 ディジタル画像の形成

1. 日本写真学会, 日本画像学会編 (1998)：ファインイメージングとハードコピー, コロナ社.

2. 鈴木範人編（1994）：光の検出器とその用い方，学会出版センター．
3. R. Ulichney (1987)：Digital Halftoning, The MIT Press.
4. K. Miyata and M. Saito (1998)：An evaluation method for the images obtained by multilevel error diffusion technique, *J. Imaging Sci. Technol.*, **42**(2), 115-120.
5. H. Haneishi, T. Suzuki, N. Shinoyama and Y. Miyake (1996)：Color digital halftoning taking colorimetric color reproduction into account, *J. Electronic Imaging*, **5**(1), 97-106.

第4章 色の測定

1. J. C. Dainty and R. Show (1974)：Image Science, Academic Press.
2. T. H. James, ed. (1977)：The Theory of the Photographic Process (Fourth Edition), Macmillan.
3. Y. Miyake, T. Sekiya and T. Hara (1989)：A new spectrophotometer for measuring the gastric mucous membrane, *J. Photogr. Sci.*, **37**(1), 134-137.
4. T. Shiobara, S. Zhou, H. Haneishi and Y. Miyake (1996)：Improved color reproduction of electronic endoscopes, *J. Imaging Sci. Technol.*, **40**(6), 494-501.
5. S. Zhou, T. Kozuru, H. Haneishi and Y. Miyake (1995)：Electronic endscopy using dual polarizing filters to reduce the specular component, *Optics Communi.*, **122**, 1-8.
6. 榎本弘文，三宅洋一（1990）：画像におけるマクロ濃度とミクロ濃度の測定について，光技術コンタクト，**28**(10), 573-585.
7. 三宅洋一（1989）：写真濃度の測定について，日本写真学会誌，**53**(2), 172-176.
8. D. F. Falk, D. R. Brill and D. G. Stork (1986)：Seeing The Light, John Wiley & Sons.

第5章 表 色

1. G. Wyszecki and W. S. Stiles (1982)：Color Science, John Wiley & Sons.
2. 応用物理学会，光学懇話会編（1986）：色の性質と技術，朝倉書店．
3. 日下秀夫編（1997）：カラー画像工学，オーム社．
4. 小島伸俊，羽石秀昭，三宅洋一（1993）：化粧肌の質感解析（II），日本写真学会誌，**56**(4), 264-270.
5. 小島伸俊，羽石秀昭，三宅洋一（1994）：化粧肌の質感推定（III），日本写真学会誌，**57**(1), 78-83.
6. 門馬智春，矢口博久，塩入　諭，羽石秀昭，三宅洋一（1993）：両眼隔壁等

色法による薄明視における表面色の色のみえの測定, 光学, **22**(5), 273-280.

第6章　視覚の特性

1. B. A. Wandell (1995)：Foundations of Vision, Sinauer.
2. 応用物理学会, 光学懇話会編 (1975)：生理光学, 朝倉書店.
3. P. G. Barten (1990)：Evaluation of subjective image quality with the square-root integral method, *J. Opt. Soc. Am.*, **7**(10), 2024-2031.
4. F. H. Imai, N. Tsumura, H. Haneishi and Y. Miyake (1996)：Principal component analysis of skin color and its application to colorimetric color reproduction on CRT display and hardcopy, *J. Imaging Sci. Technol.*, **40**(5), 422-430.
5. F. H. Imai, N. Tsumura, H. Haneishi and Y. Miyake (1997)：Prediction of color reproduction for skin under different illuminants based on color appearance models, *J. Imaging Sci. Technol.*, **41**(2), 166-173.
6. F. H. Imai, N. Tsumura, H. Haneishi and Y. Miyake (1998)：Improvement of incomplete chromatic adaptation model for facial pattern images, *J. Imaging Sci. Technol.*, **42**(3), 1264-1268.
7. M. D. Fairchild (1995)：Visual evaluation and evoluation of the RLAB color space, IS & T and SID, *Proc. 2nd Color Imaging Conference* (Scottsdale), 9-13.
8. M. D. Fairchild (1995)：Testing colour appearance models, guidelines for coordinated research, *Color Res. Appl.*, **20**, 262-267.
9. R. W. G. Hunt (1994)：An improved predictor of colourfulness in a model of colour vision, *Color Res. Appl.*, **19**, 23-33.
10. Y. Nayatani, K. Takahama and H. Sobagaki (1986)：Prediction of color appearance under various adapting conditions, *Color Res. Appl.*, **11**, 62-71.
11. 宮田公佳, 津村徳道, 羽石秀昭, 三宅洋一 (1998)：注視情報を用いた画質評価法, 電子写真, **37**(1), 31-39.

第7章　画像の主観評価

1. 田中良久 (1965)：心理学測定法, 東京大学出版会.
2. J. P. ギルフォード (1959)：秋重義治訳, 精神測定法, 培風館.
3. 長谷川敬, 三橋哲雄 (1983)：テレビ画像の主観評価とデータ処理 (Ⅰ), テレビジョン学会誌, **37**(6), 1040-1050.
4. 高根芳雄 (1980)：多次元尺度法, 東京大学出版会.
5. 中小印刷製版業に適したダイレクトプルーフィングシステムの開発に関する報告書 (1994)：日本印刷産業連合会, (社)日本機械工業連合会.

6. J. P. Gilford (1954): Psychrometric methods, McGraw-Hill Book.
7. R. S. Priemon, ed. (1984): ASTM Standards on Color and Appearance Measurement, Annual Book of ASTM Standard.
8. JOEMテクニカルノート (1992): カラー画像の評価とチャート (I), (II), 日本オプトメカトロニクス協会.

第8章 画像の物理評価

1. Y. Miyake, S. Inoue, M. Inui and S. Kubo (1986): An evaluation of image quality for quantized continuous tone image, *J. Imaging Sci. Technol.*, **12**(1), 25-34.
2. 三宅洋一, 三橋哲雄, 金澤　勝 (1993): カラー画像の画質と評価, テレビジョン学会誌, **47**(11), 1518-1524.
3. 本庄　知, 稲垣敏彦 (1998): 画質評価尺度を評価する (その1), 日本画像学会誌, **37**(増刊号), 447-453.
4. 伊藤哲也, 榎本洋道 (1998): 画質評価尺度を評価する (その2), 日本画像学会誌, **37**(増刊号), 454-460.
5. 久野徹也, 杉浦博明, 近藤康雄 (1995): 産業用カラーカメラの色再現改善, テレビジョン学会誌, **49**(2), 204-211.
6. S. Inoue, N. Tsumura and Y. Miyake (1997): Measuring MTF of paper by sinusoidal test pattern projection, *J. Imaging Sci. Technol.*, **41**(6), 657-661.
7. S. Inoue, N. Tsumura and Y. Miyake (1998): Analyzing CTF by MTF of paper, *J. Imaging Sci. Technol.*, **42**(6), 667-671.
8. J. S. Arney, C. D. Arney, M. Katsube and P. G. Engeldrum (1996): An MTF analysis of papers, *J. Imaging Sci. Technol.*, **40**(61), 19-25.
9. Y. Okano (1998): Influence of non-linear image processing on spatial frequency response of digital still camera, *Optical Review*, **5**(6), 358-362.
10. 岡野幸夫 (1997): ディジタルスチルカメラのMTF測定, 日本写真学会誌, **60**(4), 232-240.
11. Y. Miyake, Y. Satoh, H. Yaguchi and T. Igarashi (1990): An evaluation of image quality for colour images with different spatial frequency characteristics, *J. Photogr. Sci.*, **38**, 118-122.
12. 佐藤恭彰, 三宅洋一, 矢口博久, 小山元夫 (1992): カラーネガフィルムからのぼけ画像の検出, 日本写真学会誌, **53**(5), 399-404.
13. Y. Satoh, Y. Miyake, H. Yaguchi and Y. Sasano (1990): Automatic detection of blurred images for photofinishing, *J. Imaging Sci. Technol.*, **16**(2), 186-190.

14. 久保走一，三宅洋一，犬井正男（1985）：カラーネガフィルムの画質と写真スピード，日本写真学会誌，**48**(4)，257-261.
15. ウインナイン，三宅洋一，秋谷裕之，久保走一（1987）：オンデマンドインクジェット画像の粒状度測定，日本写真学会誌，**50**(3)，188-194.
16. 犬井正男（1992）：ノイズウィナースペクトルについて，日本写真学会誌，**55**(2)，104-110.
17. A. E. Saunders (1981)：Applicable granularity theory for nonideal systems, *J. Photogr. Sci.*, **29**(1), 51-58.
18. K. Miyata, N. Tsumura, H. Haneishi and Y. Miyake (1990)：Subjective image quality for mult-level error diffusion and it's objective evaluation method, *J. Imaging Sci. Technol.*, **43**(2), 170-177.
19. C. J. Bartleson (1982)：The combined influence of sharpness and graininess on the quality of color prints, *J. Photogr. Sci.*, **30**(1), 33-38.
20. 日本オプトメカトロニクス協会編（1992）：カラー画像の評価とチャート．
21. 畑田豊彦，三宅洋一他編（1992）：画質評価用テストチャートに関する調査報告，日本オプトメカトロニクス協会.

第9章　異なったデバイス間の色変換

1. 小寺宏曄，金森　勝（1993）：プリズム補間を用いた高速色変換プロセッサ，ディスプレイ アンド イメージング，**2**(1)，17-25.
2. S. Tominaga (1993)：Color notation conversion by neural network, *Color Res. Appl.*, **18**(2), 253-259.
3. 河村卓也，羽石秀昭，三宅洋一（1993）：異なった画像デバイス間の色変換とその評価，ディスプレイ アンド イメージング，**2**(1)，71-79.
4. 嶋野法之（1996）：物体色の低次元ベクトル近似と復元，画像電子学会誌，**25**(6)，743-752.
5. Y. Miyake, H. Saitoh, H. Yaguchi and N. Tsukada (1990)：Facial pattern detection and color correction from television picture for newspaper printing, *J. Imaging Technol.*, **16**(2), 165-170.
6. H. Haneishi, K. Miyata and Y. Miyake (1993)：A new method for color correction method in hardcopy from CRT images, *J. Imaging Sci. Technol.*, **37**(1), 30-36.
7. P. Hung (1994)：A smooth colorimetric calibration technique utilizing the entire color gamut of CMYK printers, *J. Electonic Imazing*, **3**(4), 415-424.
8. J. S. Arney, P. G. Engeldrum and H. Zeng (1995)：An expanded Muarry-Davies models of tone reproduction in halftone imaging, *J. Imaging Sci. Technol.*, **39**(6), 502-508.

9. 杉田充朗, 白岩敬信, 水野利幸, 宇佐美彰浩 (1994): モンテカルロシミュレーションによる記録物光散乱解析と再現色予測, 紙パルプ協会誌, **48**(9), 1177-1182.

第10章 分光反射率の推定とその応用

1. 横山康明, 長谷川隆行, 津村徳道, 羽石秀昭, 三宅洋一 (1998): 絵画の記録再現を目的とした高精細カラーマネージメントシステムに関する研究 (第1報), 画像入力システムの設計, 日本写真学会誌, **61**(6), 343-355.
2. Y. Miyake and Y. Yokoyama (1998): Obtainning and reproduction of accurate color images based on human perception, *Proc. SPIE*, **3300**, 190-197.
3. Y. Miyake and Y. Yokoyama (1999): Development of multiband color imaging systems for recording of art paintings, *Proc. SPIE*, **3648**, 218-225.
4. 小島伸俊, 羽石秀昭, 三宅洋一 (1994): 化粧肌の質感解析(III), 日本写真学会誌, **57**(2), 78-83.
5. N. Tsumura, H. Sato, T. Hasegawa, H. Haneishi and Y. Miyake (1999): Limitation of color samples for spectral estimation from sensor responses in fine art painting, *Optical Review*, **6**(1), 58-61.
6. 津村徳道, 羽石秀昭, 三宅洋一 (1998): 重回帰分析によるマルチバンド画像からの分光反射率の推定, 光学, **27**(7), 384-391.
7. M. J. Vhrel and J. Trussel (1992): Color correction using principal components, *Color Res. Appl.*, **17**, 328-338.
8. J. P. S. Parkkinen, J. Hallikainenn and T. Jaaskelainen (1989): Characteristics spectra of Munsell Colors, *J. Opt. Am.*, A**6**(2), 318-322.
9. H. Haneishi, T. Iwanami, T. Honma, N. Tsumura and Y. Miyake (1998): Gonio spectral imaging of 3D objects, IS & T and SID's, *Proc. 6th Color Imaging Conference* (Scottsdale), 173-176.

第11章 視覚特性に基づく画像再現と評価

1. F. H. Imai, N. Tsumura, H. Haneishi and Y. Miyake (1998): Improvement of incomplete chromatic adaptation model for facial pattern images, *J. Imaging Sci. Technol.*, **42**(3), 1264-1268.
2. Y. Satoh, Y. Miyake, H. Yaguchi and S. Shinohara (1990): Facial pattern detection and color correction from negative color film, *J. Imaging Technol.*, **16**, 80-85.
3. D. Sanger and Y. Miyake (1995): Method for light source discrimination and facial pattern detection from negative color film, *J. Imaging Sci.*

Technol., **39**, 166-175.
4. D. Sanger, Y. Miyake, H. Haneishi and N. Tsumura (1997): Algorithm for face extraction based on lip detection, *J. Imaging Sci. Technol.*, **41**(1), 71-80.
5. 遠藤千珠子, 津村徳道, 羽石秀昭, 三宅洋一 (1996): 注視点解析とその画像評価への応用, ディスプレイ アンド イメージング, **4**(4), 305-310.
6. 羽石秀昭, 明道正博, 三宅洋一 (1993): ハードコピーにおける好ましい肌色再現(Ⅰ), 日本写真学会誌, **56**(2), 123-127.
7. 浅田卓哉, 羽石秀昭, 三宅洋一 (1994): ハードコピーにおける好ましい肌色再現(Ⅱ), 日本写真学会誌, **57**(5), 399-402.

索　引

あ行

網点	15
アナログ画像	3
暗所視	68
暗電流ノイズ	113
一対比較法	84
色順応	72-76
インパルスレスポンス	97
エリアジング	23
遠視	65

か行

解析濃度	12
階層的	166
解像度	95
解像度チャート	95
階調再現	91, 92
顔パターン抽出	170
拡散濃度	48
確率楕円	137
加算ノイズ	113
画像関数	5
加法混色	7
カラー写真	9
カリー係数	48
眼球運動	76, 77
観測距離	82
桿体	67, 68
γ補正	18
疑似逆行列	155
基本色	61
許容ぼけ直径	82
近視	65
均等色空間	58
グラスマン（Grassmann）の法則	54
系列範疇法	83

原刺激	53
減法混色	7
光学的ドットゲイン	37
誤差拡散法	32
固視微動	76
コスト関数	156
コート紙	105
固有値ベクトル	148
コルトマン補正	107
コントラスト感度	71
コンボリューション積分	70

さ行

彩度	60
三刺激値	54
サンプリング間隔	22
視覚濃度	50
色差	59
色相	60
色相角	60
色度座標	54
色票	131
視神経乳頭	66
視力	69
写真特性曲線	13
主観評価	81
主成分分析	148
主波長	56
重層効果	10
順位法	84
乗算ノイズ	113
心理評価尺度	84
錐体	66
ステータスA濃度	50
ステータスM濃度	50
ステータスT濃度	50
正規分布表	85

正弦波チャート	97	濃度パターン法	32
静止画	4	濃度ヒストグラム	94
積分濃度	12	濃度累積密度分布	94
セグメンテーション	138		
鮮鋭性	91	**は行**	
総合画質	121	ハウレット型チャート	95
走査線	82	ハイビジョン	19
測色的な色再現	129	薄明視	69
測色濃度	50	肌色分布	172
組織的ディザ法	29	反射画像モデル	142
		反射濃度	48
た行		非コート紙	105
単一尺度	91	ヒストグラム変換	95
単色濃度	50	ビットプレーン画像	117
単板式	27	標準光源	56
チャート	121	標準白色板	42
注視点	77	標準被視感度	55
注視領域	166	標本化定理	23
中心窩	66	表面反射光	158
調子再現曲線	92, 93	表面反射光成分	45
跳躍運動	76	フォトCD	140
ディザマトリクス	30	物理評価量	90
ディジタル化	1	ブロック色素	11
ディジタル画像	3	分光光度計	41
ディジタルスチルカメラ	25	分光反射率	7
ディジタルハーフトーン	29-36	ベクトル誤差拡散	34
デルタ(δ)関数	22	変換マトリクス	129
デルタヒストグラム	111	偏光フィルター	45
電子内視鏡	148	補間方法	27
点広がり関数	5	補色主波長	58
等価中性濃度	51		
透過濃度	48	**ま行**	
投影濃度	48	マイクロデンシトメーター	49
動画像	4	マクベスカラーチェッカー	123
等色関数	54	マクロ濃度	48
同心円モデル	36, 37	マスキング方程式	12
		マルチバンド画像	155
な行		マルチメディア	1
内部散乱光成分	45, 158	マンセル(Munsell)表色系	60
2色モデル	158	ミクロ濃度	48
ネガカラーフィルム	9	明視の距離	82

明所視	68	Fairchild のモデル	74
明度	60	fovea	66
メカニカルドットゲイン	37	gamut	129
メモリーマッチング法	164	HDTV	19,83
盲点	66	Helson-Judd 効果	75
		Japan Color	124
や行		JND	24
焼付け濃度	50	Kubelka-Munk 式	143
有効露光量	13	$L^*a^*b^*$	59
有彩基本属性	61	Lambert-Beer 則	13
		Limb のマトリクス	30
ら行		LUT	129
ラゴリオ色票	123-125	$L^*u^*v^*$	58
離散画像	23	microdensitometer	49
リバーサルカラーフィルム	11	*MTF*	70,97,99
粒状性	91	Murray-Davies の式	15
両眼隔壁等色法	72	NCS 表色系	61
量子化	24	Neugebauer 方程式	16
累積寄与率	148	NTSC	82
レンズのフレア	6	NTSC テレビ	19
露光量	92	RMS 粒状度	114
老眼	65	SCID 画像データ	123
		SQF	102
		Stevens 効果	75
ABC 順		Thurstone	85
Bezold-Brucke 効果	76	UCR	14
CCD	25	*UCS* 表色系	58
chroma	61	value	60
CMT アキュータンス	102	visual frequency	96
Demicel の関係	17	von Kries モデル	73
device independent color reproduction	129	Yule-Nielsen 式	15
		Wiener 推定法	154
DTP	15	Wiener スペクトル	115
exposure density	13	WYSIWYG	2

著者略歴

三宅洋一(みやけよういち) 工学博士
現在　千葉大学工学部情報画像工学科教授

1943年　長野県に生まれる
1966年　千葉大学工学部写真工学科卒業
1968年　同大学院工学研究科修士課程修了
1970-81年　京都工芸繊維大学助手,講師,助教授
1978-79年　スイス連邦工科大学文部省在外研究員
1982年　千葉大学工学部画像工学科助教授
1989年　同大学工学部情報工学科教授
1997年　ロチェスター大学光学研究所客員教授
1995-98年　日本写真学会副会長
1998-99年　日本鑑識科学技術学会理事長
　　　　IS&Tフェロー,日本写真学会功績賞など受賞

ディジタルカラー画像の解析・評価
2000年2月25日　初　版

［検印廃止］

著　者　三　宅　洋　一

発行所　財団法人　東京大学出版会
　　　　代表者　河　野　通　方
　　　〒113-8654 東京都文京区本郷 7-3-1 東大構内
　　　電話 03-3811-8814・振替 00160-6-59964
印刷所　株式会社　平文社
製本所　誠製本株式会社

©2000 Yoichi Miyake
ISBN 4-13-061116-X　Printed in Japan

Ⓡ〈日本複写権センター委託出版物〉
本書の全部または一部を無断で複写複製（コピー）することは，著作権法上での例外を除き，禁じられています．本書からの複写を希望される場合は，日本複写権センター(03-3401-2382)にご連絡下さい．

新編 色彩科学ハンドブック [第2版]		
	日本色彩学会 編	菊判/1538頁/36000円
画像解析ハンドブック		
	高木幹雄・下田陽久 監修	菊判/800頁/25000円
建築家のドローイング	香山壽夫 著	菊判/192頁/3500円
建築意匠講義	香山壽夫 著	B5判/272頁/5800円
建築を語る	安藤忠雄 著	菊判/264頁/2800円
芸術学 [改訂版]	渡辺 護 著	A5判/280頁/2900円
コンピューティング科学	川合 慧 著	A5判/226頁/2400円
情報処理入門	山口和紀 著	B5判/214頁/1800円

ここに表示された価格は本体価格です．御購入の際には消費税が加算されますので御了承下さい．